KB017354

건축가의 공간 일기

일상을 영감으로 바꾸는 인생 공간

일상을 영감으로
바꾸는
인생 공간

조성익 지음

북스톤

차례

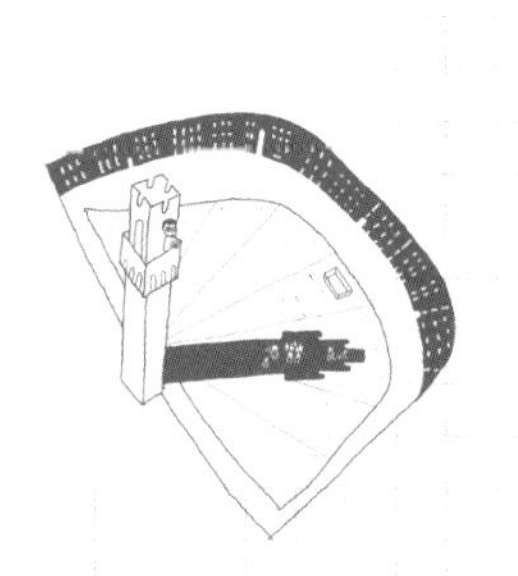

인생 공간은 어디에나 있다.
우리의 발견을 기다리면서.

인생 공간, 동네에서

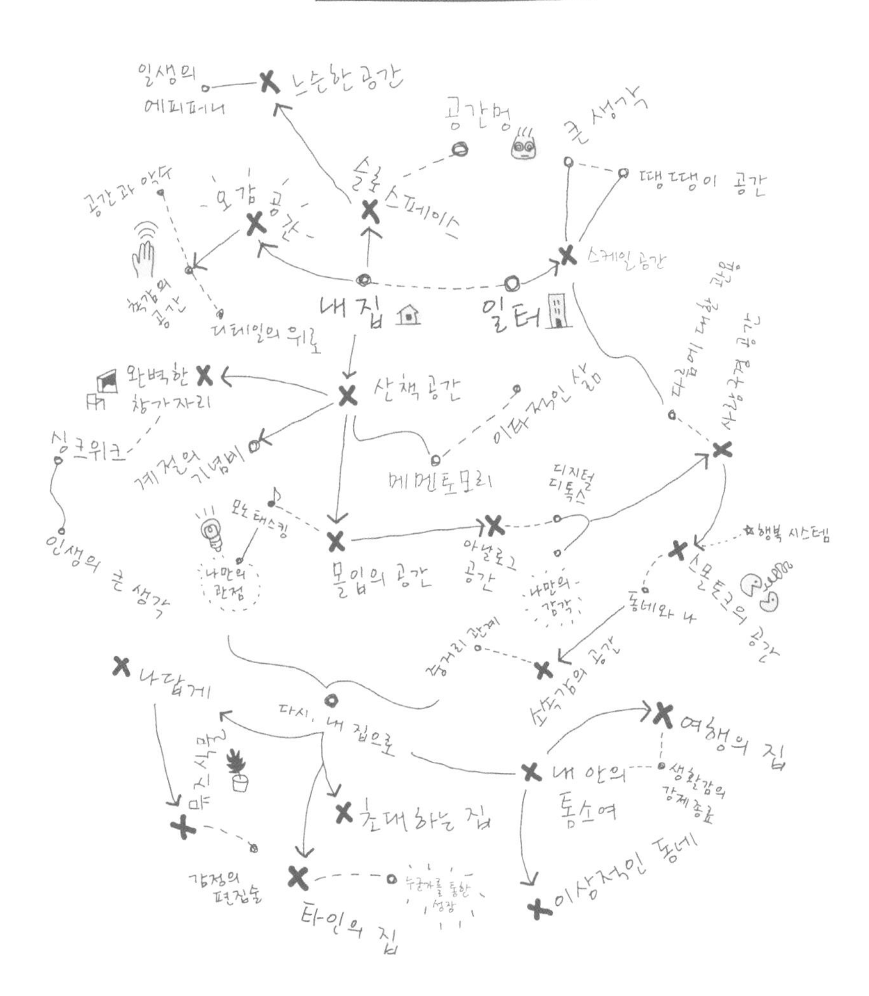

인생의 에피파니
느슨한 공간
공간멍
큰 생각
땡땡이 공간
공간과 악수
오감 공간
슬로 스페이스
스케일 공간
촉감의 공간
디테일의 위로
내 집
일터
다름에 대한 관용
완벽한 창가자리
산책 공간
이타적인 삶
싱크위크
계절의 기념비
메멘토 모리
디지털 디톡스
모노 태스킹
몰입의 공간
아날로그 공간
행복 시스템
인생의 큰 생각
나만의 관점
나만의 감각
스몰토크의 공간
동네와 나
적정거리 관계
소속감의 공간
나답게
다시, 내 집으로
여행의 집
생활감의 강제종료
초대하는 집
이상적인 동네
감정의 편집술
타인의 집
누군가를 통한 성장

프롤로그

인생 공간은 어디에나 있다

건축 설계를 하는 건축가로서, 대학에서 건축을 가르치는 교육자로서 많은 곳을 여행하며 공간을 감상해왔다. '공간 감상'이라고 하면 거창하게 들릴지도 모르지만 좋은 공간을 만날 때마다 그 건축가가 사용한 공간의 설계 방법은 무엇인지, 거기서 나는 어떠한 감정의 변화를 느꼈는지, 스케치북에 글과 그림으로 정리하는 게 나의 감상법이다. 마치 셰프들의 레시피 북처럼 공간에 담긴 맛을 묘사하고 그 맛을 음미한 후 느낀 감정을 기록해둔 것이다. 이름하여 '건축가의 공간 일기'. 대학생 시절부터 일기를 쓰기 시작했으니 어느덧 30년 분량의 일기가 쌓였다.

좋은 공간을 모은, 사적인 일기에 가까운 원고를 책

으로 펴내기로 한 이유는 역설적으로 요즘 우리 주변에 갈 만한 좋은 공간들이 쏟아지듯 많이 생겨나고 있기 때문이다. 공간을 향한 관심이 높아지면서 좋은 공간을 소개하는 정보도 넘쳐나고 있다. 분위기 좋은 카페, 레스토랑, 팝업 스토어 같은 '핫플레이스'에 가보는 것을 취미로 삼는 사람도 늘었다.

그런데 정작 그 공간을 다녀와서도 무엇을 보고 무엇을 느꼈는지, 묘사와 감정을 딱 부러지게 말하기가 어렵다. 묘사는 사진이 손쉽게 대신해주고, 감정은 수많은 기사로 접해서일까? 정작 '나는' 거기서 어떤 감정을 느꼈는지, '나는' 왜 그 공간을 좋아하게 되었는지 말하기란 쉽지 않다. 좋아하는 물냉면이라면 맛있는 이유를 얼마든지 조목조목 댈 수 있다. 하지만 마음이 편안해지는 인생 최고의 카페를 만났을 때, 내가 거기서 왜 편안한 감정을 느꼈는지 대답하기란 참 애매하다.

◆

학창 시절, 어느 유명 건축가의 강연을 들은 적이 있다. 그는 자신의 삶을 바꿔놓았던 '인생 공간'으로 건축가 루이스 칸Louis Kahn이 설계한 소크 연구소를 거론하며, 방문했을 때 느낀 감동을 이렇게 이야기했다. "입구에서 모퉁이를 딱 돌았는데 말이지, 공간에 들어서는 순간 아! 눈물이 주르르 흐르는 거야." 그때는 솔직히 좀 '오버'하는 거 아닌가 하는 의심이 들었다. 슬라이드 사진을 보니 양쪽으로 늘어선 건물 사이로 저 멀리 바다의 수평선이 보이는 멋진 공간이긴 했다. 그렇다고 저게 눈물이 날 정돈가?

시간이 꽤 흐른 어느 날, 드디어 직접 소크 연구소를 가보게 되었다. 오버하지 않으려고 무척 애썼지만, 살짝 울컥해지긴 했다. 공간에 머무는 것만으로 눈물이 난 이유는 뭘까? 연구소에서 느닷없이 슬픔이라는 단순한 감정을 느꼈을 리 없고, 곰곰이 생각해보면 그것은 카타르시스, 즉 마음의 정화 작용이었다. 슬픈 영화를 보고 실컷 울고 나면 찾아오는 안도감처럼 말이다. 한마디로 '부정적 체험에서 얻는 환희'다.

모름지기 예술이라면 이 모순된 감정을 우리 마음속에 불러일으키는 일이 어렵지 않다. 음악은 특별한 음표의 조합으로, 소설은 흥미로운 인물 설정과 스토리 전개로 그 카타르시스를 만들어낸다. 그럼 건축은 무엇으로 우리의 감정을 움직일까? 메마른 콘크리트 구조물이 왜 촉촉한 눈물을 자아냈을까? 여러 이유가 있지만 그중 하나는 '비스타Vista'라는, 건축가가 사용한 공간 수법 때문이다. 비스타는 좁은 나무나 건물 사이에 길을 내고, 그 끝에 멀리 경치가 보이도록 구성하는 것을 말한다. 전망과 비슷한 개념이지만 단순히 좋은 경치를 눈앞에 펼쳐주는 것이 아니라 전망을 향해 우리의 시선을 천천히 유도하여 경치가 주는 감동을 배가하는, 건축가의 의도가 담긴 수법이다. 이런 건축가의 의도가 통했을 때, 공간은 자신의 영역 안으로 들어온 사람에게 특정한 메시지를 건넨다. 그리고 우리는 감정을 변화시킨 공간의 목소리를 듣게 된다.

이 책은 공간에 조금이라도 관심 있는 사람이라면 어렵지 않게 공간의 목소리를 알아채는 방법, 즉 공간을 나만의 관점에서 즐기는 법을 전하고자 했다. 음악 감상이 취미인 사람, 미술 감상이 취미인 사람이 있듯 이 책을 통해 공간 감상을 취미로 삼는 사람이 늘어나는 것. 그리고 자신만의 관점으로 발견한 인생 공간을 다른 사람과 공유하는 것. 소박하지만 야심 찬 상상을 하며 이 책을 썼다.

◦

좀 더 근본적인 질문을 해보자. 왜 공간을 나만의 관점에서 즐겨야 할까? 소크 연구소가 나에게 들려준 목소리는 이런 것이었다. '당신들은 늘 무언가로 가득 찬 공간에 살고 있다. 도시는 건물로, 집은 물건으로 가득한 혼돈의 공간이다. 이런 혼돈 속에 살다가 가끔 이곳으로 오라. 텅 빈 공간에서 수평선의 비스타를 바라보라. 일상의 혼돈을 벗어나 거대한 자연의 질서가 주는 감동을 체험하게 될 것이다.'

소크 연구소의 비스타 앞에서 내 눈가가 촉촉해진 이유는 바로 이 때문이었다. 한참을 서서 공간을 바라보고 있자니 아웅다웅하며 살던 삶이 허망하게 느껴졌다. '그래, 저 수평선처럼 큰 생각을 하는 사람이 되자' 하고 마음속으로 각오를 다졌다. 실제로 소크 연구소는 세계적인 생명과학 연구소로 수많은 노벨상 수상자를 배출했다. 이곳에서 일하는 과학자들이 인류의 진보에 대한 사명감으로 생명을 연구하는 이유도 어쩌면 공간이 들려주는 목소리 덕분일지 모른다.

좋은 공간에 나를 두고, 공간이 건네는 좋은 목소리를

들으면 우리의 삶은 조금씩 변하기 시작한다. 때로는 인생이 달라지는 경험을 하기도 한다. 한 편의 영화도, 한 곡의 음악도 그럴진대, 내 몸을 둘러싼 공간에 왜 그런 힘이 없겠는가. 처음에는 공간의 미(美)에 눈이 가지만, 시간이 지나면서 공간의 미덕(美德)이 몸으로 흡수되는 것이다.

공간의 목소리를 들을 줄 알게 되면 공간을 다니는 일이 훨씬 즐거워진다. 친구에게 좋은 공간을 추천할 때도 좀 더 수월하게 공간의 묘사와 감정을 전달할 수 있게 된다. 공간이 일으킨 감정과 생각의 변화를 토대로 각자 자신만의 인생 공간을 찾을 수 있게 돕는 것이 이 책의 궁극적인 목적이다.

◆

여기서 한 가지 문제가 있다. 인생 공간을 가보자고, 카타르시스를 한번 느껴보자고 소크 연구소까지 비행기를 타고 날아갈 사람이 몇이나 될까. (소크 연구소는 미국 캘리포니아주, 라 호이아라는 작은 마을에 있다.) 우리에게 필요한 것은 퇴근 후 기분 전환하러 쉽게 갈 수 있는 곳, 반차를 내고 찾아갈 만한 장소, 주말에 쓱 떠날 수 있는 공간이다. 그래서 위대한 건축가가 만든 명작 공간의 미덕을 살펴보되, 그와 비슷한 미덕을 품은 평범한 일상의 공간을 찾아 이야기하면 어떨까 생각했다. '우리 동네의 소크 연구소를 찾아내자!' 이런 결심이랄까.

이 책에서는 우리의 마음에 변화를 일으키는 동네 속 인생 공간을 소개한다. 그곳에 머무는 것만으로 통찰력이 슬그머니 생겨나는 공간, 계절감을 오롯이 누리고 싶을 때 가기 좋은 공간, 사람들과 적당한 거리의 유대감이 생겨나는 공간, 나도 모르게 무언가에 몰입해버리는 공간 등을 모아보았다. 아울러 해외에 있는 공간과 동네에서 흔히 찾을 수 있는 공간을 오가며 공간에서 어떻게 시간을 보내면 좋을지, 공간이 우리에게 어떤 삶의 통찰을 줄 수 있는지까지 다루고자 했다. 이 책을 읽고 나만의 인생 공간을 찾도록 하는 것. 이 의도가 성공했는지, 그 판단은 독자분들의 몫이다.

나의 공간 일기에는 수백 개의 공간이 기록되어 있지만 나를 변화시킨, 내 인생 공간으로 꼽을 수 있는 곳은 10여 개에 불과하다. 그러니, 얼마나 많이 다니느냐보다 그곳에 왜 가느냐, 그 이유를 발견하는 일이 더 중요하다. 아니, 어쩌면 좋은 공간을 찾아가는 것도 수단에 불과할지 모른다. 인생 공간을 발견하는 것보다 중요한 일은 이 바

뿐 시대에 무언가를 경험하며 우리의 감정을 풍요롭게 하는 일이다. 그 계기는 한 편의 영화일 수도 있고 한 곡의 음악일 수도 있다. 그리고 (바라건대) 어느 날 동네에서 우연히 발견한 공간일 수도 있다. 결국 이 책에서 전하고 싶은 메시지는 다음과 같다.

"인생 공간은 어디에나 있다. 아직 발견되지 않았을 뿐."

자, 여기 건축가의 공간 일기를 공개한다.

공간으로 인해 감정이 변화하는 순간,
우리는 범속한 나의 일상을 넘어서 우주의 질서에
귀를 기울이게 된다. 나를 넘어서는 절대자,
내 생각으로는 헤아릴 수 없는 자연의 질서를
상상하게 되는 것이다.

좋은 공간에
나를 두다

느린 공간의 필요

프랑스 르 토로네 수도원
서교동 앤트러사이트

지치고 힘들 때, 여러분은 어디서 위로를 얻는가. 좋아하는 디저트 가게에서 케이크 한 입 먹기? 만지작거리기만 했던 노란색 코트를 과감하게 지르기? 술집을 찾아 혼술하기? 여행지 티켓 무턱대고 예매하기? 독서하기? 명상하기? 위로 홍수의 시대지만, 나도 그 목록에 하나를 슬쩍 얹어보려고 한다.

공간의 위로.
좋은 공간에 나를 두면 위로와 격려를 받는다.

몇 년 전, 일에 파묻혀 지내다가 갑자기 심각한 불면

증이 찾아왔다. 하얗게 불태우고 재만 남은 듯한 번아웃 증후군이 원인이었는데, 잠이 부족하니 머릿속이 하루 종일 질척질척 비 오는 날씨 같았다. 모든 것을 내려놓고 어딘가로 떠나고 싶었다. 그때 머리에 떠오른 장소가 태양이 빛나는 프랑스 남부, '르 토로네 수도원'이었다. 이곳은 약 800년 전, 가톨릭 수도사들이 번잡한 세상을 피해 함께 먹고 일하고 기도하기 위해 지은 집이다.

돌을 쌓아 만든 르 토로네 수도원의 겉모습은 특별할 게 없었다. 고집깨나 있는 노인이 입을 꾹 다물고 있는 무뚝뚝한 모습 같달까. 그런데 실내로 들어서자마자 공간의 인상이 싹 바뀌었다. 단단히 맞물린 돌벽, 그 틈에 가늘게 뚫린 창으로 남프랑스의 햇빛이 반짝이는 파도처럼 밀려 들어왔다. 빛의 파도가 실내에 닿자 어둠과 빛이 부드럽게 뒤섞였고, 음양의 기운이 골고루 스며든 돌벽이 온화한 표정을 지었다. 돌벽을 바라보고 있자니 내가 보고 있는 장면은 정지된 게 아니라 움직이고 있다는 사실을 깨달았다. 돌벽을 비추는 빛의 농도가 천천히, 그러나 끊임없이 변화하고 있었다. 자세히 살펴보니 바깥에서 구름이 태양 밑을 지나갈 때 일어나는 광량의 변화가 실내의 어둠에 영향을 미치고 있었다. 머리 위로 구름이 지나가는 모습을 보지 않고도 실내에서 감지할 수 있다니. 오랜 시간 창문 앞 돌벤치에 앉아 공간을 지켜봤다. 마음이 차분해졌다. 마법처럼 정신이 정화되는 기분이었다.

그런데 따지고 보면 그리 신기한 일도 아니다. 햇빛에 따라 실내 공간의 조도가 바뀌는 평범한 현상일 뿐이다. 사무실이나 집처럼 일반적인 공간이라도 창문만 있다면 어디서나 이런 현상은 일어날 수 있다. 하지만 왜 특별히 이 공간에서 나는 햇빛의 움직임을 감지했을까? 무엇이 나의 마음을 차분하게 만들었을까?

원인을 생각해보니 나는 이 공간에서 '멍때리기'를 하고 있었다. 장작불을 보며 멍때리는 '불멍'처럼, 이름 붙이자면 '공간멍'을 하고 있던 거였다. 무언가 한 가지에 집중하되 너무 심각하게 바라보지 않는 것. 끊임없이 춤추는 불꽃에 집중하는 것처럼, 공간에서 가만히 시간이 흐르는 모습을 지켜보는 일이 나의 머리를 비우고 마음에 위안을 주었다.

좋은 공간에 나를 두는 것만으로도 위로를 얻을 수 있다. 공간에서 흐르는 시간을 즐길 수 있다면 말이다. 건축가 미더 아모트Mette Aamodt는 시간의 흐름을 즐기는 이와 같은 공간에 '슬로 스페이스'라는 멋진 이름을 붙였다. 느린 속도로 머무는 공간이 치유의 역할을 해준다는 의미이다.

고대 그리스인들은 시간에 대해 두 가지 개념을 사용했다. '크로노스'와 '카이로스'. 크로노스는 말 그대로 숫자로 표현되는 연속된 시간을 의미한다면, 카이로스는 흘러가는 시간 중 의미 있는 한순간을 뜻한다. 새해를 맞아 카운트다운을 하는 상황을 생각해보자. 10, 9, 8…로 내려가는 시간의 흐름은 크로노스다. 그러다가 숫자가 0이 되고 새해를 맞는 순간, 사람들은 포옹하고 키스하며 축하한다. 그리고 이 순간을 즐기느라 시간이 흐른다는 사실을 더 이상 신경 쓰지 않는다. 새해의 시계는 계속 움직이고 있는데 말이다. 마치 시간이 멈춘 것 같은 이 기쁨의 순간이 바로 카이로스다.

크로노스가 시간의 양이라면 카이로스는 시간의 질을 의미한다. 바쁜 우리의 일상이 크로노스와 벌이는 씨름

르 토로네 수도원에서
공간멍을

ABBAYE DU THORONET

PROVENCE, 12-13C

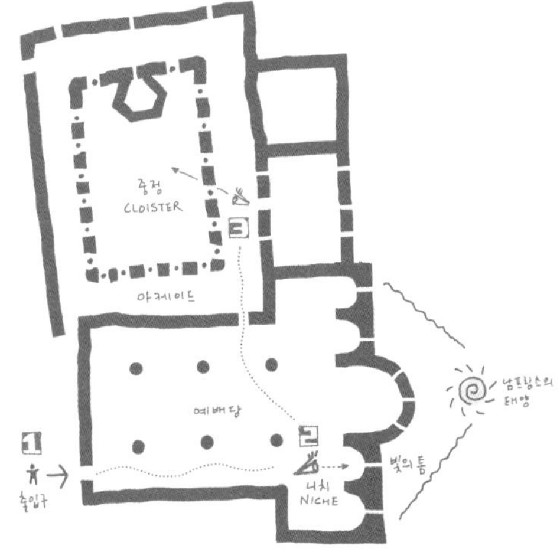

1 저 멀리 어둠 속 빛 한 조각,
궁금해서 다가가 보면…

2 니치 창으로 빛이 들어와
거친 돌 표면을 쓸어 낸다.

3 더블레이어 창문으로 바라보는
남프랑스의 하늘.

이라면, 느긋하게 르 토로네 수도원의 공간을 지켜보는 여유는 카이로스와 손잡는 경험이다. 그리고 카이로스의 경험을 늘리기 위해선 슬로 스페이스, 즉 '느린 공간'이 필요하다.

슬로푸드와 비교해보면 이해가 쉽다. 슬로푸드란 배 채우는 것만을 목적으로 먹는 음식이 아니다. 우리는 장인이 정성 들여 만든 수제 치즈를 먹으며 자연과 생명의 순환을, 사람들의 노고를 깨닫는다. 우유를 짜는 목축업자부터 시작해서 수없이 우유를 휘저었을 치즈 장인, 재료의 순수한 맛을 살린 요리사, 그리고 이것을 먹는 손님까지. 이 모든 사람이 행복해지기 위해 조금 느리게 가도 좋다는 것이 슬로푸드의 철학이다.

공간도 마찬가지다. 르 토로네 수도원처럼 그저 머무르기만 해도 우리를 위로하는 공간이 있다. 그렇다고 불면증 치료차 비행기를 타고 남프랑스까지 가자고 주장하는 것은 아니다. 이와 비슷한 효과를 가진 공간을 주변에서 찾아보자는 것이 이 책의 더 중요한 목소리다. 내가 사는 동네에 공간멍을 할 수 있는 장소가 있을까? 공간이 건네는 위로를 동네의 슬로 스페이스에서 경험할 수 있다면 어떨까?

'동네의 토로네'를 찾기 위해, 우선 르 토로네 수도원의 공간이 어떤 점에서 우리에게 위로를 주는지 살펴봐야 한다. 르 토로네의 실내 공간에서 가장 눈에 띄는 특징은 우리 주의를 뺏는 특별한 물체들이 없다는 점이다. 사방을 둘러봐도 그저 돌벽만 있을 뿐, 뭔가 호기심을 불러일으키는 장식이나 물건이 없다. 다시 음식에 비유하자면 슴슴한 평양냉면형 공간이다. 냉면 위에 올라간 유일한 고명은 창문. 돌벽을 오려낸 듯 설치된 창문은 프로방스의 날카로운 햇빛을 걸러내 부드러운 빛으로 바꿔놓는다. 여기에 한 가지 더 두드러지는 특징은 내부로 초대한 빛의 변화를 극적으로 연출하기 위해 까끌까끌한 재질의 돌벽으로 실내를 마감했다는 것이다. 돌벽은 오디오로 비유하면 음향 증폭기다. 돌벽의 울퉁불퉁한 표면이 빛과 그림자를 더 밝게, 혹은 더 어둡게 증폭한다. 다시 말해, 돌벽은 빛의 증폭기다.

절제된 장식, 변화하는 햇빛, 빛의 증폭기. 이 세 가지가 공간멍을 하게 해주는 슬로 스페이스의 구성 요소다. 구성 요소를 알았으니, 우리 주변에서 이 삼요소를 갖춘 공간을 찾아내면 멀리 가지 않고도 공간멍을 할 수 있지 않을까? 김새는 소리지만, 안타깝게도 우리 주변에 그런 공간이 흔하지는 않다. 오히려 대부분이 이와 정반대다. 사무실, 집, 카페 등 내가 자주 가는 공간을 둘러보라. 시선을 어지럽히는 물체들이 놓여 있고 변하는 햇빛을 막아 일정한 조도를 유지하기 위해 창문에는 커튼이 쳐져 있다. 게다가 벽은 페인트와 벽지로 매끈하게 마감되어 있다. 평양냉면보다는 함흥냉면, 알록달록 자극적인 공간이 대부분이다.

⚬

일요일 아침, 나는 사무실이 있는 서울 서교동의 카페 '앤트러사이트'에서 공간멍을 한다. 단독 주택을 개조한 이 카페에 들어서면 단출한 커피 바와 테이블 외에는 특별한 장식이 없다. 동남향인 데다가 건물 앞에 넓은 마당이 있어 이른 아침부터 오후까지 실내로 햇빛이 듬뿍 들어온다. 이 공간을 디자인한 건축가는 무언가를 더해서 공간을 꾸미는 대신, 기존 주택을 감싸던 실내 마감재를 덜어내는 방법을 택했다. 마감재를 덜어내자 그 안에 있던 벽돌이 모습을 드러냈다. 거친 시멘트 벽돌 위에 햇빛이 닿으면서 시시각각 실내의 표정이 바뀐다. (삼요소 완성.)

특히 주말 아침 일찍 이곳에 가면 제대로 공간멍을 할 수 있다. 손님이 적은 시간, 햇빛이 극적으로 변하는 오전 반나절 동안 카이로스 타임을 즐길 수 있기 때문이다. 책 한 권을 챙겨서 느긋하게 읽다가 눈을 들어 실내를 바라본 후, 실내를 비추는 햇빛에 한번 눈길을 준다. 그리고 다시 글자로 돌아오는 반복. 이것이 일요일의 즐거움이다.

◦

등산, 반신욕, 산림욕…. 불면증을 타파하기 위해 좋다는 것은 다 해봤지만 그다지 효과는 없었다. 도대체 무엇이 내 수면을 방해하고 있을까? 곰곰이 생각해보니 하루 일정을 꼭 지켜야 한다는 루틴 강박증이 불면증의 원인이었다. 그런데 어떤 면에서는 좀 억울한 것이, 800년 전 수도회에 들어간 사제들만큼 매일 똑같이 사는 사람도 없기 때문이다. 피정(避靜), 즉 고요함을 찾아 수도원으로 몸을 피한 이들이 수행하는 비결은 동일한 삶의 루틴이었다. 아침에 일어나서 기도한다, 함께 모여서 밥을 먹는다, 힘을 합해서 빵과 포도주를 만든다. 그리고 다음 날, 다시 일어나서 기도하고, 밥을 먹고, 일한다. 수도사에게 루틴이란 자신을 단련하는 방법이었다. 이들이라고 왜 스트레스가 없었겠는가? 같은 일을 반복하다 보면 인간의 정신에 권태가 침범한다. 권태는 우리의 감정을 조금씩 부식시킨다. 수도사들이라고 예외는 아니었을 것이다.

만약 내가 800년 전에 태어난 건축가고, 르 토로네 수도원을 설계해달라는 의뢰를 받았다면 수도사들의 정신을 좀먹는 이 권태를 없애는 걸 핵심으로 여겼을 테다. 어떻게 하면 수도사들이 삶의 루틴을 지키면서도 권태에 빠지지 않게 할 것인가? 숙소이자 식당이자 일터인 수도원이 어떻게 수도승들을 응원하는 공간이 될 수 있을 것인가? 삶의 반복이 주는 스트레스를 물리치고 깨달음에 이를 수 있도록 공간을 설계하는 것이 중요했을 것이다.

당시의 건축가가 내놓은 해답은 역설적으로 흥미를 끌 만한 대상들을 공간에서 전부 없애는 것이었다. 오늘로 따지면 TV나 영화관처럼 흥미를 불러일으키는 놀거리를 추가하는 게 아니라, 정신을 흐트러뜨리는 시각적 소음을 완전히 삭제하는 일이다. 그러고 나니 놀라운 일이 일어났다. 자극적인 흥밋거리가 없어지자 빛과 그림자의 존재가 보이기 시작한 것이다. 벽과 천장의 장식을 덜어내니 공간은 하루 종일 태양의 궤적과 구름의 움직임을 보여주는 시계가 되었다. 건물로 둘러싸인 중앙의 정원도 특별한 꾸밈 없이 비워두었다. 그러자 정원은 하늘을 바라보는 창문이 되었다. 수도사들은 내리는 비와 눈을 바라보며 정원을 계절의 변화를 감지하는 달력으로 삼았다. 하루, 한 달, 일 년의 변화를 느긋하게 바라볼 수 있는, 긴 호흡의 공간명에 적합한 공간이 탄생한 것이다. 세상으로부터 자발적으로 격리된 수도사들에게 응시할 만한 대상을 만들어준 르 토로네 수도원은 공간 자체만으로 위안거리였을 것이다.

끊임없이 우리 머리 위에서 움직이는 태양과 구름과 별, 계절에 따라 미묘하게 변하는 하늘의 색. 우리 주변에 엄연히 존재하지만 바쁜 삶 속에서 인식하지 못하고 지냈던 대상을 알아차리도록 하는 것. 이것이 공간이 우리에게 위로를 건네는 방식이다. 이제 남은 일은 이 인식을 거들 슬로 스페이스를 하나쯤 내 주변에 두는 것, 때때로 그 공간에서 카이로스 타임을 즐기는 것. 이것이 독자들을 위한 이 책의 첫 번째 제안이다.

도심 한복판 교회에서 땡땡이를?

뉴욕 트리니티 교회
천주교 서교동 성당

'플레이 후키Play Hooky'. 직장에서 일을 하다가 왠지 모르게 마음이 갑갑할 때, 몰래 사무실을 빠져나가 한숨 돌리는 것을 일컫는 말이다. 쉽게 말해 땡땡이를 치는 것인데, 내가 이 표현을 알고 있는 이유는 뉴욕에서 설계 사무실을 다니던 시절 종종 플레이 후키를 했기 때문이다.

어느 날 직장 동료와 프로젝트에 대한 의견 차이로 작은 다툼이 있었다. 그런데 회의 말미에 이 친구가 갑자기 언쟁을 멈추더니 이글이글 타오르는 분노의 눈빛으로 조용히 나를 노려보는 게 아닌가. 그 눈빛이 오후 내내 머릿속에서 잊히지 않았다. 생각해보면 별일도 아닌데, 그냥 양보할 걸 그랬나? 아니지, 그래도 할 말은 해야지…. 후회와 다짐을 오가며 골치 아파하다가 잠시 회사를 빠져나왔다. 골목을 따라 5분 정도 걷고 있자니 한 교회가 눈에 들어왔다. 회사 코앞에 있었지만 한 번도 들어가 볼 생각을 하지 않은 '트리니티 교회'였다.

◦

육중한 검은색 문을 밀고 내부로 들어서자, 와글와글 시끄럽던 도로의 소음이 일순간 사라지고 묵직한 공기가 나를 감쌌다. 갑자기 무거운 중력값을 가진 행성에 착륙한 느낌이었다. 천장은 하늘 높이 솟아 있고 시선 끝에는 스테인드글라스 창문이 있었다. 그 창이 걸러낸 온화한 빛이 실내로 스며들어오고 있었다. 조금 전 한바탕 기 싸움을 하고 온 나에게 비치는 한 줄기 위로의 빛 같았달까.

나는 무신론자인데도 잠시 이 공간에 앉아 있자니 어딘가에 절대자가 있을 것 같다는, 설명할 수 없는 감정이 일었다. 그 감정이 차분히 가라앉자 이내 큰 관점에서 생각이 정돈되기 시작했다. 아까 벌인 말다툼이 얼마나 하찮은 일인지, 내가 겪고 있는 감정의 동요가 이 광활한 우주에서 얼마나 작은 부분인지 말이다. 불과 15분이 지났을 뿐인데 교회를 나와 사무실로 복귀했을 때 내 마음은 한결

가벼워져 있었다.

당시 내가 일하던 곳은 세계 금융의 중심이라 불리는 뉴욕 맨해튼의 월스트리트였다. 돌과 유리로 만들어진 월스트리트의 건물들은 땅을 꽉꽉 채워 최대한 높고 크게 지어졌다. 탐욕스럽게 생긴 건물들이 우리를 내려다보고 있기 때문일까, 월스트리트의 사람들은 샌드위치와 커피를 손에 들고 늘 어딘가로 바쁘게 걸음을 옮긴다. 이 빽빽한 거리에 숨통을 틔워주는 건물이 바로 나를 위로한 교회, 1800년대에 고딕 양식으로 지어진 트리니티 교회다. 검박하고 날씬한 이 건물은 주변의 덩치 큰 건물들과는 사뭇 다르게 생겼는데, 마치 소박한 옷을 입은 사제가 수트를 입고 뽐내는 증권맨들 사이에 서 있는 것처럼 보인다.

트리니티 교회는 뉴욕 9·11 테러 당시 공중에서 떨어지는 건물 잔해를 피하기 위해 사람들이 대피한 장소로도 유명하다. 죽음이 눈앞에 닥친 상황에서, 신을 위해 지어진 교회로 피난하면 안전하리란 믿음이 있었던 걸까? 실제로 기적처럼 트리니티 교회는 무너지지 않았고 내부로 피신한 사람들을 보호했다. 밖에서 지옥 같은 일이 벌어지는 가운데, 이 온화한 빛이 감도는 공간은 잠시나마 사람들에게 위안을 주지 않았을까. 테러에 비교할 일은 아니지만 트리니티 교회에서 위로의 빛을 만난 이후, 직장에서 심리적 테러를 당할 때면 슬쩍 땡땡이를 치고 트리니티 교회로 피신했다.

◆

트리니티 교회라는 공간이 위안을 준 이유는 뭘까?

신의 가호가 아니라면, 그건 바로 건축가가 사용한 '스케일'이라는 공간의 특성 때문이다. 스케일이란 한마디로 '상대적 크기'다. 가로, 세로, 높이의 절대적 크기를 사이즈라고 한다면, 스케일은 한 대상과 다른 무언가를 비교했을 때 알게 되는 상대적 크기를 말한다. 예를 들어 우리 머릿속에는 사물의 일반적인 크기에 대한 상식이 있다. 사과는 한 손에 쥐어진다, 수박은 양손으로 들어야 한다와 같은 명제가 상식의 크기다. 만약 어떤 사과가 너무 크거나 수박이 지나치게 작으면 우리는 놀라서 그 물체를 다시 한 번 쳐다보게 된다. '이 사과, 스케일이 좀 다른데'라며. 흔히 연예인을 본 감상이 이와 비슷하다. TV에서 보던 사람을 실제로 보면 생각보다 얼굴도, 몸집도 몹시 작아 보인다. 이것이 바로 관념과 실체의 상대적 스케일 차이에서 오는 놀라움이다.

공간의 스케일은 더욱 극적인 놀라움을 선사한다. 서울의 롯데월드타워는 555미터라는 절대 높이를 가지고 있다. 하지만 이 타워를 광활한 지평선만 보며 살던 아프리카 부족민이 본다면 이들이 체감하는 높이는 서울 시민들보다 훨씬 클 것이다. 아마도 놀라움을 넘어 이 세상 사물이 아닌 대상을 본 것처럼 경외심을 느낄지 모른다.

오래전 유럽의 건축가들은 스케일이 주는 경외심을 이용하여 사람들 마음속에 신을 향한 믿음을 단단히 심어 놓았다. 낮고 좁은, 평범한 주택에 살던 마을 사람들이 어느 날 동네 한가운데 새로 지어진 교회에 초대받는다. 우뚝 솟은 교회 내부에 첫발을 들였을 때, 이들이 느꼈을 감정의 변화를 상상해보라. 하늘에 닿을 듯 솟구친 공간에 들어서며 이들은 자기 몸이 작아진 듯한 느낌을 받았을 것이다. 빽빽한 숲길을 따라 사냥감을 쫓다가 웅장한 폭포를 마주했는데, 그 순간 느꼈던 기분과 비슷하다고 수군거릴지도 모른다. 이 높고 커다란 공간에 비하면 인간은 얼마나 작은 존재인가. 공간으로 인해 감정이 변화하는 순간,

우리는 범속한 나의 일상을 넘어서 우주의 질서에 귀를 기울이게 된다. 나를 넘어서는 절대자, 내 생각으로는 헤아릴 수 없는 자연의 질서를 상상하게 되는 것이다.

이런 스케일 효과는 21세기를 사는 무신론자 직장인에게도 여전히 유효하다. 회사원 대부분은 기껏해야 3미터 높이의 평평한 천장 아래에 모여 아옹다옹 일하고 있다. 그러다 보니 마음도 낮고 좁아져서 조금만 의견이 안 맞아도 동료와 다투게 된다. 회의 중 발생하는 말다툼과 분노의 눈빛, 알고 보면 이건 우리 잘못이 아니라 모두 3미터짜리 수평 공간 때문이다. 자, 그러니 업무 효율을 높이기 위해서라도 우리는 종종 경외심의 공간을 찾아가 플레이 후키를 해줘야 한다. 땡땡이를 합리화하자는 건 아니지만.

◦

트리니티 교회의 비밀을 알았으니 동네의 트리니티, 내 주변의 플레이 후키 공간을 찾아보자. 9·11테러 당시 많은 사람이 트리니티 교회로 재빨리 대피할 수 있던 데는 다음과 같은 단순한 이유가 있었다. 마침 가까운 곳에 교

트리니티 교회

회가 있었고, 문이 열려 있었다. 서구 도시의 교회는 주로 마을의 중심 광장에 지어졌다. 삶에 구원이 필요한 순간 사람들이 멀리 가지 않고 위로를 얻을 수 있도록, 항상 문을 열어둔 채 사람들을 기다리고 있는 것이다. 가깝다. 늘 열려 있다. 이런 미덕을 가진 교회는 마을 사람들을 위한 일상의 생크추어리Sanctuary: 대피소와 같은 역할을 해왔다. 언제나 사람들을 환영하며 위안을 주는 장소, 게다가 그곳이 경외심을 주는 수직 공간이라면 일상의 플레이 후키 공간으로는 더할 나위 없이 적합하다.

또 김새는 얘기를 하자면, 현대 도시에서는 이런 공간을 찾아보기 쉽지 않다. 일하다가 기분 풀라고 수직 공간을 사무실에 마련해주는 사장님은 많지 않을 테고, 높은 천장의 카페는 돈을 벌기 위한 상업 공간이라 감정 대피소가 될 수는 없다.

언제든 쉽게 드나들 수 있는 공간일 것. 경외심을 주는 스케일의 공간일 것. 휴대폰 지도로 주변을 둘러보니, 이 두 조건을 만족하는 공간은 성당이었다. 아파트 상가에도 들어서곤 하는 교회나 주로 도시와 먼 산속에 지어진 절과는 달리 성당은 현대에도 여전히 중세 교회의 모범을 따라 동네 한복판에, 수직의 공간으로 지어지고 있다. 이런 미덕을 베풀어주셨는데 플레이 후키로 이용할 생각을 하는 게 조금 죄송하지만, 일상의 생크추어리를 찾는 나에겐 큰 발견이었다.

홍대 앞 '천주교 서교동 성당'은 사람 인(人) 모양의 지붕이 다정해 보이는 건물이다. 뾰족한 사람 인이 아니라 붓으로 둥글게 굴려서 쓴 사람 인 모양이라 더 그렇다. 중세의 고딕 성당이 한국 전통 건축의 지붕 선을 보고 표정을 부드럽게 바꾼 것만 같다. 내부로 들어서니 지붕의 겉모양이 그대로 천장 내부 모양으로 반전되어 있었다. 자리를 잡고 앉아 사람 인의 두 획이 모이는 부분을 바라봤다. 날카롭게 하늘로 치솟은 유럽 성당이 조금은 두렵기까지 한 경외감을 준다면 서교동 성당은 따스한 손으로 우리 마음을 끌어올려 주는 느낌이다. 한 가지 사실을 덧붙이자면, 서교동 성당은 1983년 한양대 유희준 교수가 설계한 곳이다. 그는 반포 성당 등 지붕 구조가 독특한 성당을 여럿 설계한 건축가이기도 하다.

직장. 우리 삶에 필수불가결한 이 조직에 몸담다 보면

어쩔 수 없이 인간관계에서 오는 스트레스가 생긴다. 어쩌면 직장에서 연차가 쌓여간다는 것은 스트레스 대처법을 하나하나 배워가는 과정일지 모른다. 누군가는 함께 술 한잔하면서 친해지고, 누군가는 혼자 러닝머신에 올라 땀을 흘리며 잊어버린다. 매일매일 자잘하게 입는 내상을 치유할 수 있는 일상의 극복책. 여기에 추가하고 싶은 것이 바로 스케일의 공간이다. 슬기로운 직장 생활을 위해 내 몸을 가끔 다른 공간에 옮겨 두는 일, 회사 앞에 플레이 후키를 할 수 있는 감정 대피소를 하나 보유하라는 것이 직장인을 위한 건축가의 처방이다.

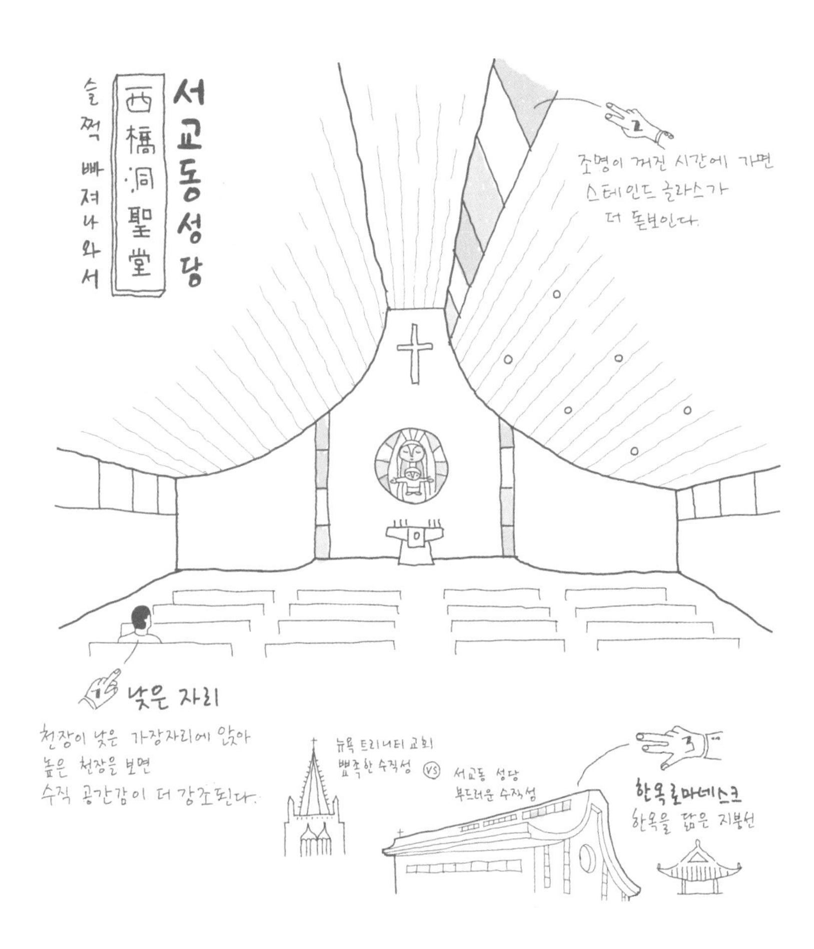
서교동성당
西橋洞聖堂
슬쩍 빠져나와서
조명이 꺼진 시간에 가면
스테인드 글라스가
더 돋보인다.
낮은 자리
천장이 낮은 가장자리에 앉아
높은 천장을 보면
수직 공간감이 더 강조된다.
뉴욕 트리니티 교회
뾰족한 수직성
VS
서교동 성당
부드러운 수직성
한옥로마네스크
한옥을 닮은 지붕선

공동묘지를 걷는 이유

핀란드 투르쿠 공원묘지
합정동 양화진 외국인 선교사 묘원

산책은 어느 곳이든 걷는다는 그 자체로 위로를 준다. 서점에 가면 산책의 미덕을 찬양하는 책들이 무수히 많은데, 내 나름대로 정의를 내리자면 '산책은 감정의 필터'라고 말하고 싶다. 슬픔에 젖은 채 산책하면 슬픔은 객관화되며 천천히 누그러진다. 기쁨에 휩싸인 채 산책하면 한발 한발 걸음을 옮기는 과정에서 기쁨이 다음 목표를 향한 의욕으로 정화된다. 마치 커피 원두가 필터에 걸러지면서 한 방울씩 향기와 맛이 농축된 액체로 바뀌는 것처럼, 몇 분간의 산책이라는 여과 과정을 거치는 동안 우리의 복잡하고 거칠던 감정은 둥글고 부드러워진다.

어떤 책에서 산책을 통해 위대한 철학적 명제를 발견

한 인물들의 이야기를 읽은 적이 있다. 니체와 괴테가 대표적인 산책가들인데 니체의 산책로는 바다를 낀 자연의 길이고, 괴테의 산책로는 독일 하이델베르크 성이 보이는 도시의 길이었다. 이들의 산책로에는 예외 없는 공통점이 하나 있었는데, 바로 산책로는 동네 근방에 있어야 한다는 것. 나 역시 동네에 가까운 산책 코스를 하나 마련해 두었다.

⚬

서울 마포구 합정동에 있는 양화진 외국인 선교사 묘원은 나의 단골 산책 코스다. 1866년, 조선 정부는 그동안 못마땅하게 여겨왔던 천주교 신자들을 무자비하게 처형한다. 이른바 병인박해인데, 무려 8천여 명의 선교사와 신도가 희생당한 잔인한 사건이었다. 이들을 처형한 장소가 바로 이곳 양화진 절두산이었고, 이들을 기리기 위해 조성된 곳이 양화진 절두산 순교성지다. 이곳과 이웃한 양화진 외국인 선교사 묘원은 한국을 사랑하고 이 땅에 묻히길 원한 외국인 선교사들과 그 가족의 안식처로 알려져 있다.

양화진 묘원이 내 단골 산책로인 이유는 이곳의 평화로운 분위기 때문이다. 골목마다 술 냄새가 배어 있는 홍대 앞을 걷다가 절두산으로 향하는 경사로를 지나면 양화진 묘원을 만날 수 있다. 이곳에 도착하면 마치 회전하는 무대 장치처럼 홍대 앞 번잡함이 일순 고요한 정적으로 바뀐다. 공동묘지라기보다는 감춰진 비밀 정원 같은 느낌이 드는 곳이다. 특유의 차분한 분위기도 좋지만 공동묘지 산책의 또 다른 묘미는 가끔 걸음을 멈추고 비석에 쓰인 비문을 읽어보는 것이다.

*줄리아 듀랙*Julia Agnes Durack, 1925-1974

줄리아 듀랙은 양화진에 안장된 유일한 천주교 수녀로 디트로이트의 머시 간호대학에서 공부한 후, 1955년 메리놀 수녀회에 들어갔다. 그는 1966년 한국에 온 뒤 부산 메리놀 병원 산부인과 개설에 참여했으며, 이후 간호 선교사로 헌신했다.

안내판에는 줄리아 듀랙이 겪은 말년의 이야기가 이어진다. 우리나라를 위해 봉사하던 그는 47살에 암에 걸려 고향으로 돌아간다. 그러나 삶이 얼마 남지 않았음을 알게 된 듀랙은 어찌 된 일인지 마지막 날들을 한국에서 보내고 싶다는 생각에 다시 한국으로 돌아온다. 그리고 평범한 사무직에 종사하며 마지막까지 헌신한 후 1974년 숨을 거둔다. 그녀의 장례식은 절두산 순교자 기념성당에서 거행되었고, 유해는 유언에 따라 세브란스 병원에 의학 연구용으로 기증되었다. 그리고 양화진 묘원에 안장된 유일한 수녀로 남았다.

듀랙의 이야기를 마무리하기 전에 공동묘지라는 공간에 대해 생각해보자. 유럽의 도시를 여행하다 보면 도시 중심부와 그리 멀지 않은 곳에서 산책하기 좋은 묘지를 종종 마주치게 된다. 역사를 살펴보면, 공동묘지의 등장은 생각보다 오래되지 않았다. 18세기 후반은 도시가 발달하고 인구가 급격히 증가하면서 자연스럽게 사망자도 늘어난 시기다. 시신을 대규모로 매장할 곳이 필요했기에 처음에는 도심에 있는 교회에서 장례를 치른 후 교회 정원을 묘지로 사용했지만, 금세 공간이 부족해졌다. 특히 콜레라, 결핵 같은 전염병이 돌면 도심에 있는 묘지는 병원균을 퍼뜨리는 진원지가 되는 탓에 대량의 시신을 매장하기 위한 해결책이 필요했다. 그때 도심 외곽에 공동묘지를 만들자는 의견이 나왔다. 다만 이왕이면 단순히 묘지만 만들 게 아니라 추모객들이 시간을 보낼 수 있도록 아름다운 공원으로 조성해보자는 제안이 더해졌다. '공원을 걸으며 추모

한다'라는 개념이 등장한 것이다.

흙을 다져서 작은 언덕을 만드는 우리나라의 봉분과 달리, 서양에서는 죽은 자의 위치를 표시하는 방법이 비교적 간단하다. 비석을 세우거나 눕혀놓기만 하면 되니 비석 사이로 산책로를 내거나 나무를 심어서 정원을 만들기도 쉽다. 유럽의 공동묘지를 보고 있으면 이곳이 유럽 도시의 축소판이라는 생각이 든다. 중심에 장례식을 여는 교회가 있고, 교회 주변으로 사람이 모여드는 광장이 있으며, 망자의 집, 즉 묘지들이 주변을 둘러싸고 있다. 그래서 유럽의 공동묘지를 산책하는 순서도 도시 여행과 같다. 중심 광장으로 가서 교회에 들어가 본 후, 주거지 골목이라 할 수 있는 묘지 사이를 걸어보는 것이다.

●

나의 공간 일기에서 가장 감명받은 공동묘지로 기록된 곳은 1807년 핀란드 서남부의 도시 투르쿠에 지어진 '투르쿠 공원묘지'다. 싱싱하게 자란 소나무 숲 사이에 4,500개에 이르는 죽은 자의 집이 모여 있는 곳으로, 제2차 세계대전이 한창이던 시절, 건축가 에릭 브리그먼Erik Bryggman은 이곳에 장례식을 위한 예배당을 설계했다. '부활 교회'라고 불리는 이 소박한 예배당의 외관은 울창한 소나무 숲에 가려 한눈에 발견되지 않는다. 건물의 외관은 평범하기 그지없어서 일부러 찾아간 나조차 '이걸 보러 이 먼 곳까지 왔나' 하고 잠시 회의가 들 정도였다. 그런데 낮은 문을 통해 안으로 들어간 순간 마음이 스르르 녹으며 미소가 지어졌다. 딱딱한 상자 모양의 외관과는 달리 실내는 부드러운 곡선의 천장으로 덮여 있고, 둥근 천장은 창문을 통해 실내로 들어온 햇빛을 소중히 받아서 공간 전체로 흘려보낸다. 마치 냇물이 바위를 타고 소리 없이 흘러내리는 것처럼.

이 교회에서 꼭 해야 할 일은 신도석에 앉아보는 것이다. 앉아보면 어딘가 이상한 점을 발견하게 된다. 일반적인 교회라면 의자가 당연히 십자가를 바라보는 방향으로 배치되어 있는데, 여기 의자는 십자가와 창문 사이를 바라보도록 애매한 각도로 놓여 있다. 이 의자에 앉아 살짝만 왼쪽으로 고개를 돌리면 십자가를 볼 수 있다. 오른쪽으로 슬쩍 고개를 돌리면 창문 밖으로 북유럽의 햇빛을 받고 있는 소나무 숲이 보인다. 삐딱한 의자 배치. 브리그먼이 이유를 설명해주지 않았으므로 우리는 스스로 그 이

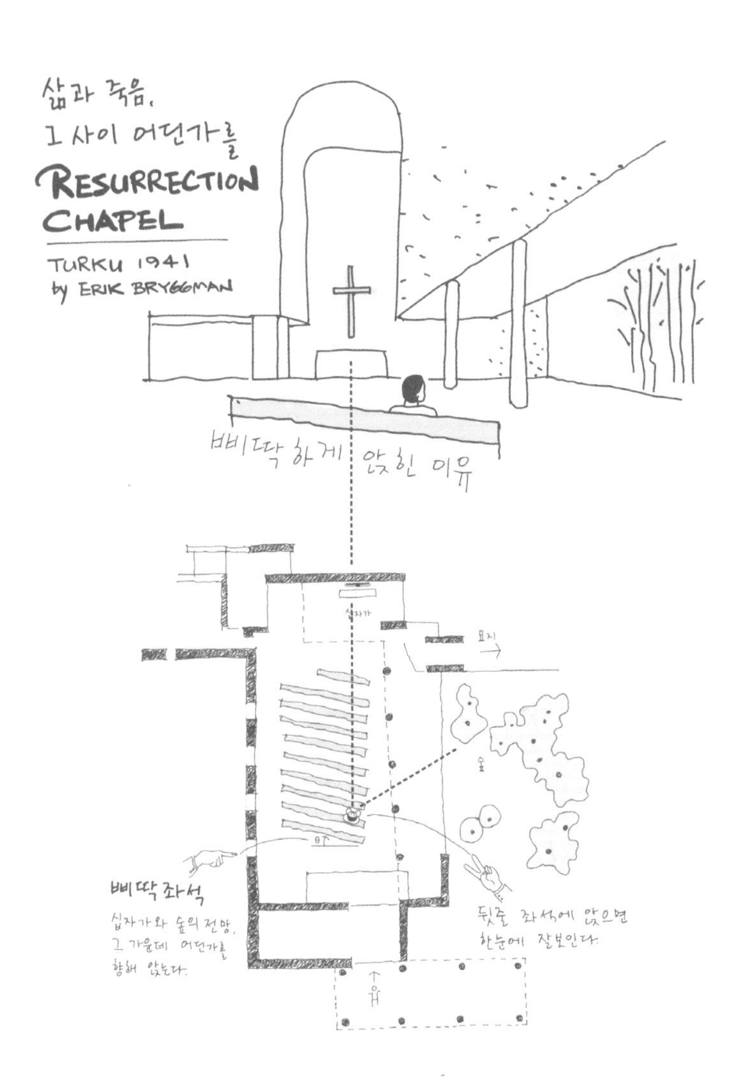
삶과 죽음,
그 사이 어딘가를
RESURRECTION CHAPEL
TURKU 1941
by ERIK BRYGGMAN
삐딱하게 앉힌 이유
십자가
묘지
숲
빼딱 좌석
십자가와 숲의 전망,
그 가운데 어딘가를
향해 앉는다.
뒷줄 좌석에 앉으면
한눈에 잘 보인다.

유를 생각해봐야 한다.

◆

고대 로마에서는 전쟁에 승리한 장군이 돌아오면 시가행진을 벌였다. 그때 옆에 노예를 앉히고 크게 외치게 한 말이 있다. 라틴어로 메멘토 모리Memento Mori. "너도 죽는다! 승리했다고 우쭐대지 말고 겸손해라!" 승리의 기쁨에 젖은 장군의 귀에 대고 이렇게 소리치게 하다니, 믿기 어려울 정도로 황당한 이야기지만 만약 사실이라면 참 대단한 제도라는 생각이 든다. 요즘으로 하면 몇백억짜리 계약을 따내 회사에서 축하 파티를 열고 있는데, 사장님의 귀에 대고 신입사원이 "계약, 부질없다! 너도 망할 수 있다! 겸손해라!" 이런 말을 외치게 한 것이다. 이른바 자만심 브레이크 시스템. 당시 로마 제국이 연전연승했던 이유를 알 것 같다.

이렇게 반복해서 죽음을 기억하게 만든 데는 이유가 있다. 인간은 일상을 살다 보면 자신이 언젠가 죽는다는 사실을 쉽게 잊어버린다. 죽을병에 걸려서야 비로소 그 사실을 깨닫고, 하루하루를 소중히 여기며 살아가게 된다.

그러니 살면서 종종 죽음을 상기시켜주는 제도나 장치가 필요하다. 신은 어디에나 존재하지만 주일마다 교회라는 공간에 정기적으로 가야 그 믿음이 단단해지듯, 죽음이 나에게도 닥칠 수 있는 일임을 상기시키는 공간이 필요하다. 로마 장군의 귀에 대고 죽음을 외치던 노예의 역할을 하는 공간이.

죽음을 기억하라. 부활 교회에 삐딱하게 놓인 의자도 같은 메시지를 전하는 것이 아닐까. 죽은 자의 관과 싱싱한 소나무 숲, 그 사이를 바라보도록 우리를 비스듬히 앉힌 건축가 베르그먼. 그 자리는 우리가 삶이라는 쾌청한 빛에서 죽음이라는 고요한 어둠으로 천천히 이행하는 존재라는 사실을 일깨워준다. 조금만 고개를 돌리면 빛이 어둠으로, 삶이 죽음으로 바뀔 수 있음을 삐딱한 의자 배치 하나로 전달하는 것이다. 그러니 공동묘지 산책은 일이 술술 잘 풀릴 때 하면 더욱 좋다. 로마의 개선장군이 된 듯한 마음이 들 때, 예를 들어 승진했다거나 생각지도 않던 보너스가 들어왔을 때, 당일은 축하 파티를 해야겠지만 다음 날은 혼자 조용히 공동묘지를 산책하며 죽음을 상기하는 것이다.

죽고 나면 우리 인생은 줄리아 듀랙의 안내판에 적힌 이야기처럼 짧은 몇 문장으로 요약된다. '조성익은 ○○한 사람이었습니다.' 우리는 ○○에 들어갈 말을 완성하기 위해 하루하루 살아가는 것이 아닐까. 설마 '승진을 잘했습니다' 혹은 '보너스를 크게 받았습니다'로 채워지길 원하는 사람은 없을 것이다.

그렇다면, 줄리안 듀랙을 기억하라. 죽음을 기억하라. 우리가 ○○에 채워야 할 말은 이런 종류의 내용이어야 한다. '우리나라에 산부인과가 없어 여성들이 위험하게 아기를 낳던 시절, 병원을 여는 데 평범한 사무원으로서 작은 힘을 보탰습니다.'

어느 저녁, 공동묘지를 산책하고 술 냄새가 배어 있는 홍대 거리를 거쳐 집으로 돌아왔다. 죽음을 상기하며, 감정의 필터를 거치며 내 삶의 각도가 이전과는 조금 다른 쪽을 향해 있는 걸 느꼈다.

○

또 다른 가볼 만한 공동묘지로 서울 동작의 국립서울현충원을 제안하고 싶다. 이런 곳은 정치인들이 거사를 앞두고 촬영을 위해 찾는 줄로만 알았는데 막상 가보니 반나절 산책에 딱 좋은 장소였다. 유럽식 묘원의 아기자기함은 조금 부족하지만 호쾌하고 광활한 맛이 있다. 전직 대통령의 으리으리한 집, 그리고 식별번호, 사망일만 간략하게 쓰여 있는 무명용사의 집이 한 공간에 놓여 있다.

양화진 묘원

계절의 기념비를 세우는 시장

스페인 산타 카테리나 시장
망원동 망원시장

죽음을 기억하게 하는 산책 공간이 있는가 하면, 삶의 의욕을 불러일으키는 산책 공간도 있다. 도심 곳곳에 특유의 아치형 입구로 손님을 유혹하는 전통 시장도 그중 하나다. 우리 사무실 10분 거리에도 전통 시장이 하나 있다. 바로 망원시장이다. 시장 산책의 즐거움이라면? 뭐니뭐니 해도 먹는 것! 시장 골목을 느긋하게 걷다가 핫도그 하나 사 먹고, 떡볶이 한 그릇 시켜 먹고, 꽈배기로 마무리한다. 시장 끝에서 끝까지 걸으면 애피타이저부터 디저트까지, 풀코스로 즐길 수 있다.

시장을 산책하고 얻게 되는 감정은 시장 특유의 활력이다. "오늘의 특별 세일, 제주산 감귤, 감귤 잡숴봐!" 흑마

술 주문처럼 같은 말을 반복하는 사장님, 수족관을 벗어나려고 꿈틀꿈틀 몸부림치는 주꾸미를 구경하며 한 바퀴 걷고 오면 '그래, 나도 힘내서 해보자' 하는 신선한 의욕이 솟는다. 게다가 지붕이 막아주는 덕택에 비가 오나 눈이 오나 산책하는 게 어렵지 않다. 그런데, 시장 공간의 매력은 먹거리와 활력에만 있는 게 아니다. 내가 사랑하는 망원시장을 매주 산책하다 보면 한 가지 사실을 알게 된다. 시장이라는 공간이 우리에게 주는 감정, 그것은 '계절감'이라는 것을.

◦

계절감이란 계절의 변화를 알아채는 감각을 말한다. 만약 여러분이 〈나는 자연인이다〉의 주인공처럼 산속에 집을 짓고 산다면, 계절감을 온몸으로 느끼며 살아갈 수 있다. 계절의 변화가 사는 공간을 완전히 바꿔놓는다는 사실을 실감하게 될 테니.

봄이면 산이 푸릇푸릇 신호를 보내고, 여름이면 주변이 온통 진한 초록으로 바뀐다. 가을에는 화려한 붉은색 공간이 되고, 겨울에는 눈 덮인 백색 공간이 된다. 연두, 초록, 빨강, 하양으로 인테리어가 1년에 4번씩, 그것도 극적으로 바뀌는 걸 경험한다.

그러나 회색 건물과 베이지색 벽지에 둘러싸인 도시에 살면 이런 극적인 계절감을 느끼기가 어렵다. 자연과 달리 인간이 만든 공간은 시간이 지나도 같은 모양과 색깔을 유지하는 내구성이 미덕이기 때문이다. 그러다 보니 도시인들은 계절감을 느끼기 위해 인파에 치이면서도 벚꽃길을 걷고, 혼잡한 고속도로를 뚫고 단풍놀이를 간다.

그런데 멀리 떠나지 않고도 계절의 리듬을 느낄 방법이 있다. 바로 무거운 짐이나 자동차 없이 슬리퍼를 끌고 근처 시장으로 나가는 것이다. 단, 두 가지 조건이 있다면 첫째, 자주 갈 것. 둘째, 세심히 관찰할 것. 오늘 간 시장이 한 달 전과 다르게 느껴지는 이유는 제철 상품 때문이다. 시장 초입에 있는 과일 가게와 생선 가게는 계절이 바뀌면 진열된 물건의 종류가 달라진다.

봄에는 산나물이 가판대를 초록으로 물들이고, 여름이 깊어지면 검붉은 자두가 진열된다. 가을에는 짙은 갈색 밤을 쌓아놓고, 겨울에는 푸릇푸릇한 무가 등장한다. 재래시장은 제철에 가장 물이 좋은 물건이 진열되기 때문에 계절에 맞춰서 옷을 갈아입는다. 계절감이 시장의 인테리어인 것이다.

인간에게 계절감이 왜 필요한가? 세월이 너무 빨리 지나간다고 느낀다면, 기억에 새겨둘 만한 경험이 부족하기 때문이다. 우리는 시간을 잘게 쪼개서 일정을 끼워 맞추는 데는 능숙하지만, 시간을 길게 보고 기억에 오래 남을 만한 오뚝한 일정을 세우는 데는 서툴다. 마치 도로를 포장하면서 정작 그 도로 끝에 기념할 만한 멋진 건물은 짓지 않고 계속 포장 공사만 하는 것과 같다. 도로는 건물에 닿기 위한 수단에 불과한데도 말이다.

한 계절이 끝나갈 때쯤 '또 가을이 다 지나갔네'라고 한숨을 쉬고 있다면 당신은 가을을 기억할 만한 계절의 기념비를 세우지 않은 것이다. 도로포장만 열심히 하면서 살고 있다면 이것을 기억하자. 계절감을 느끼는 일은 선으로 흐르는 시간 속에 점을 찍어 마음에 저장하는 일이다.

◉

망원시장처럼 지붕이 덮인 시장은 언제 생긴 것일까? 그 원형은 유럽의 아케이드다. 16세기, 이탈리아 피렌체의 한 시장에 지붕 덮인 아케이드가 등장했는데, 이는 순식간에 유럽의 여러 도시로 퍼져나갔다. 이후 18세기까지 약 200년은 '아케이드의 시대'라고 부를 정도로 도시인의 일상에 중요한 공간이 되었다. 만약 여러분이 18세기 파리에 사는 직장인이었다면 퇴근 후 최고의 오락거리는 아케이드를 산책하는 일이었을 테다. 당시 파리의 도로 상태는 엉망진창이었다. 차도와 인도의 구분도 없었고 물웅덩이가 곳곳에 있어 걷기에 불편했다. 그 길을 피해 아케이드로 들어서면 아름다운 대리석 바닥과 조각상 장식으로 둘러싸인 길이 나타났다. 위험하고 어두컴컴한 골목길과는 달리, 둥근 유리 지붕으로 덮인 상점가는 저녁에도 불을 밝혔고 사람들은 아케이드를 걸으며 물건 구경, 사람 구경을 했다. 거래, 만남, 사색이 아케이드라는 하나의 지붕 아래에서 이루어졌다.

건축 역사에서 가장 중요한 아케이드를 하나 꼽자면 1877년 밀라노에 세워진 '비토리오 에마누엘레 2세 갤러리아'다. 아케이드의 여왕! 우아함의 극치다. 오사카에는 약 2.6km에 달하는 아케이드, '덴진바시스지 상점가'가 있다. 여기는 먹거리 천국. 맛있는 게 너무 많아 정신이 혼미해진다. 이스탄불에는 '그랜드 바자르'가 있고, 파리에는 '파사주 데 파노라마'가 있다. 아케이드는 만국 도시의 공통어라 할 수 있다. 다만, 오늘날 유명 아케이드는 일상의 산책로가 아니라 관광객의 흥밋거리가 되었다. 세련된 명품 숍과 카페가 있는 특별한 공간이지만, 시장이 주는 계절감을 누릴 수 있는 산책 공간은 아니다. 내가 가본 시장 중 계절감이 살아 있는 최고의 산책용 시장은 바르셀로나에 있다.

바르셀로나에서 평범한 주거지 골목을 걷다가 춤을 추는 듯한 건물과 마주쳤다. 화려한 패턴의 치마를 입고 스페인 전통 춤을 추던 여성이 갑자기 '착' 하고 동작을 멈추면 치마는 여전히 탄력을 유지한 채 공중에 떠 있지 않은가. 이 시장의 지붕이 딱 그 모습이었다. 이곳의 이름은 '산타 카테리나 시장'. 스페인의 천재 건축가 엔리크 미라예스Enric Miralles가 설계했는데, 그는 '우리 시대의 가우디'라고 불릴 정도로 다른 누구와도 유사점을 찾을 수 없는 건축 어휘를 사용하기로 유명하다.

춤추는 지붕 밑으로 들어가 보니, 화려한 첫인상과는 달리 동네 상점이 모여 있는 소박한 시장이었다. 가판대

SANTA CATERINA MARKET
BARCELONA
ENRIC MIRALLES, 2005
사선배치된 판매대
BOLETS
VERDURES
derivats
다음 갈곳이 보인다.
흩어질 산散 걸음 보步
걸음을 흩어놓는 공간

위에는 지중해의 햇빛을 듬뿍 받고 자라 건강해 보이는 제철 채소와 과일이 가득했다. 가판대 사이의 통로를 돌아다니며 물건 구경을 하다가 재미있는 사실을 발견했다. 가판대가 똑바른 직사각형이 아니라 뾰족한 마름모 모양이었다. 그러다 보니 그 사이의 통로도 반듯반듯한 직각이 아니라 제각각 다른 방향을 향하고 있었다. 마치 중세 유럽 도시의 뒤엉킨 골목길을 축소한 것처럼.

◆

건축가는 왜 이런 사선 통로를 만들었을까? 강남이나 맨해튼의 도로처럼 직각으로 교차하는 길 위에 서보라. 도로 너머로 보이는 것은 끝없이 이어지는 도로뿐이다. 직각 도로는 자동차와 사람이 효율적으로 전진하는 데 초점을 맞춘 '진격의 도로'다.

반면 사선 도로는 '헤맴의 도로'다. 삼청동이나 북촌 같은 오래된 동네의 골목길을 걸어보면 저 끝이 막다른 길처럼 보여서 멈칫한 경험이 있을 것이다. 돌아갈까 하다가 혹시나 싶어 다가가면 멀리서는 보이지 않던 삐딱하게 이어진 길이 숨어 있다. 이렇게 끊어질 듯 이어지는 골목길은 다음 골목에 대한 호기심을 자극해 우리를 끊임없이 걷고 헤매게 만든다.

산타 카테리나 시장의 사선 통로도 마찬가지다. 만약 여러분이 한 가판대에서 하몬을 고르는 중이라고 해보자. 고개를 돌리면 통로 끝을 막아선 치즈 가판대를 보게 된다. '저것도 시식해봐야지'라며 치즈 가판대로 다가가면 사선으로 이어진 또 다른 통로 끝에 시원한 화이트 와인을 파는 가게를 발견하게 된다. 증명하긴 어려운 사견에 불과하지만 건축가의 사선 배치 하나로 시장 전체의 매상이 상승했을 것이라 믿는다.

질서는 만들기 쉽다. 하지만 의도된 혼돈을 만드는 건 고수의 영역이다. 우리가 하나라도 더 많은 가게를 구경하고 한 명이라도 더 많은 사람과 스쳐지나가도록, 건축가는 공간에 의도된 혼돈이라는 비밀 장치를 해둔 것이다.

어쩌면 계절감 역시 삶에 대한 호기심을 잃지 않기를 바라는 마음에서 조물주가 의도한 혼돈일지 모른다. 우리의 감정이 하나의 계절에 지배받지 않고 사계절의 리듬을 타고 변화할 수 있도록 만든 장치, 그것이 계절감이다.

존 레논의 아내이자 행위예술가인 오노 요코는 사계절에 따라 변화하는 감정의 리듬을 솔로 5집 앨범에서 다음과 같이 표현했다.

봄이 지나면 사람은 자신의 순수함을 기억하게 된다.
여름이 지나면 사람은 자신의 활력을 기억하게 된다.
가을이 지나면 경외심을,
겨울이 지나면 사람은 자신의 인내를 기억하게 된다.

—오노 요코, [Season of Glass]

순수함, 활력, 경외심, 인내를 마음에 새기기 위해서는 봄을 봄답게, 여름을 여름답게 보내야 한다. 가을과 겨울도 마찬가지다. 이렇게 그 시간답게 보내기 위해 할 수 있는 쉬운 방법 중 하나는, 앞에서 말했듯 계절감이라는 감정을 불러일으킬 공간으로 이동하는 것이다. 우리는 즐겨 찾는 장소 목록에 계절의 변화를 체감할 수 있는 공간을 하나쯤 보유하고 있어야 한다.

그리고 일상에서 실천할 수 있는, 계절의 기념비를 세우며 사는 법을 하나 더 소개한다. 계절의 변화를 기념하는 소소하고 개인적인 이벤트를 열어보는 것이다. 내 방법을 공유하자면 계절을 인식하는 데 도움이 될 만한 연간

이벤트를 달력에 메모해둔다.

또 먹는 이야기지만 나는 빼빼로데이, 짜장면데이처럼 먹는 것과 관련된 각종 '데이'를 좋아한다. 그래서 나의 달력에는 계절의 초입에 늘 제철 음식 데이가 있다. 봄이 시작되는 2월엔 2주 차 주말이 도다리쑥국 위크다. 여름의 시작점에는 팥빙수 데이가 있고, 가을에는 밤 디저트로 이루어지는 몽블랑 데이, 겨울에는 굴튀김 데이가 있다. 종종 망원시장을 산책하며 얻어온 계절감으로 요리를 한다. 계절감을 미각에 새겨 두기 위해.

인간에게 계절감이 왜 필요한가?
세월이 너무 빨리 지나간다고 느낀다면,
기억에 새겨둘 만한 경험이 부족하기 때문이다.
계절감을 느끼는 일은 선으로 흐르는 시간 속에
점을 찍어 마음에 저장하는 일이다.

산타카테리나 시장

손잡이, 건물이 건네는 악수

시애틀 성 이그나티우스 교회
서교동 TRU 건축사 사무소

"문손잡이는 건물이 건네는 악수다." 핀란드의 건축가이자 학자인 유하니 팔라스마Juhani Pallasmaa의 말이다. 건물로 들어갈 때 하는 첫 행동은 문손잡이를 잡는 것이다. 의식하지 않으면 스쳐지나갈 기능적인 행동에 유하니 팔라스마는 '건물과 나누는 첫인사'라는 근사한 의미를 부여했다.

고등학교 시절, 수업시간에 선생님께 들었던 이야기가 하나 떠오른다. "앞으로 사회에 나가면 다른 사람과 악수할 기회가 많을 거야. 악수를 할 때는 손에 힘을 줘서 단단히 잡고 충분한 시간을 들여서 흔들도록 해." (정작 수업 내용은 하나도 기억이 안 나는데 이런 얘기들은 평생 기억에 남는다.) 손만 쓱 스치는 형식적인 악수가 아니라 눈을 쳐다 보고 손바닥에 반가움을 담아서 상대에게 전달하라는 이야기였다. 이런 가르침을 받은 이후 수많은 사람과 악수해 보니 정말 두 부류로 구분이 되었다. 내 손을 꼭 붙잡는 사람과 건성으로 손만 대는 사람. 1초도 안 되는 짧은 접촉인데도 이 사람이 나를 어떤 마음으로 대하는지 대충 알 수 있었다.

그런 경험 덕분일까, 팔라스마의 손잡이론(論)을 책으로 접했을 때, 건축가여서 더 그랬겠지만 이런 뜻으로 읽혔다. '건축가들아, 이렇게도 중요한 첫인사를 대충 하고 넘어갈 것이냐. 사람과 건축이 의미 있는 악수를 하도록 손잡이 하나까지 꼼꼼하게 신경 써라.' 반대로 공간을 이용하는 사람이라면 이런 조언으로 읽히지 않을까. '건물이 전하는 첫인사를 정성스럽게 받고, 앞으로 어떤 공간이 펼쳐질지 상상해보라.'

건물이 내미는 악수가 정성스러운가 아닌가에 따라 건물의 인상이 결정되고 내부 공간에 대한 기대치가 달라진다. 따뜻한 온기를 전하는 가죽 손잡이는 아늑한 레스토랑으로 들어서는 문에 어울린다. 차갑고 이성적인 금속 손잡이라면 한 치의 오차도 없이 효율적으로 업무를 처리하는 변호사 사무실에 어울린다. 앞으로 등장할 인물과 공간을 손잡이 하나에 압축할 수 있다. 팔라스마의 명언을 내 식으로 슬쩍 바꿔보면 이렇다. '손잡이는 소설의 첫 문장이다. 앞으로 펼쳐질 스토리로 초대하는.'

◦

내가 건물과 해본 최고의 악수는 건축가 스티븐 홀Steven Holl이 설계한 '성 이그나티우스 교회'와의 악수였다. 교회의 정문으로 다가서면 묵직한 나무문이 기다리고 있다. 여기 특별한 모양의 손잡이가 달려 있는데 그 각도가 독특하다. 수평이나 수직으로 튀어나온 일반적인 손잡이와는 달리 손으로 쥘 수 있는 부분이 45도 정도 틀어져 있다. 이유가 뭘까?

지금 잠시 손을 뻗어 무언가를 쥐는 자세를 취해보라. 우리 손이 지면과 이루는 각도는 90도가 아니다. 자연스럽게 손바닥은 아래쪽을 향하고 손은 지면과 45도 정도의 각도를 이룬다. 건축가는 인간이 편안하게 내민 손을 받아내기 위해 손잡이를 살짝 비틀어 땅을 향해 기울어진 모양으로 디자인한 것이다. 모양도 모양이지만 촉감도 섬세하

자, 악수!

CHAPEL OF ST. IGNATIUS

SEATTLE/STEVEN HOLL, 1997

다. 멀리서 손잡이를 봤을 때는 부드럽게 늘어진 가죽 재질이라 생각했다. 그런데 가까이 가서 보니 금속을 두드리고 접어 만든 손잡이였다. 금속의 단단한 표면에 여러 번 망치질해서 오래된 가죽 같은 촉감을 만들어낸 것이다. 문을 열기 위해 손잡이를 붙잡으면 부드러운 감각이 손으로 전달된다.

건축가들은 이런 작은 요소를 디자인하는 일을 일컬어 '디테일을 챙긴다'라고 표현한다. 마치 손님을 위해 정성껏 차와 과자를 준비하는 것처럼, 건축가는 디테일을 챙겨서 방문한 사람에게 환대와 배려를 표현한다. 성 이그나티우스 교회에 달린 손잡이도 마찬가지. 속세에서 벗어나 성스러운 공간으로 막 진입하려는 인간을 위해, 공간은 우리의 마음을 다독여주는 환대의 디테일을 챙겨둔 것이다.

◦

우리의 일상에서 공간이 청하는 기분 좋은 악수를 받으려면 문 앞에서 잠시 주의를 기울여야 한다. 사무실, 집, 단골 카페처럼 일상에서 그저 지나치기만 했던 공간에 들어설 때, 잠시 멈추고 어떤 손잡이를 달아두었는지 눈길을 건네보라. 안타까운 일이지만 미리 얘기하건대, 대부분 실망스러운 악수일 것이다. 문손잡이는 대체로 기능적이고 저렴한 금속 제품이다. 아파트의 손잡이는 촉감을 전달하기는 커녕 암호를 넣으라고 재촉하는 모양새다. 그만큼 좋은 악수를 나눌 수 있는 공간은 흔하지 않으니 주변에서 그런 손잡이를 발견하거든 다시 한번 귀하게 쓰다듬어 봐야 한다.

서울 성수동의 카페 'HBC 커피'는 한 자전거 클럽에서 운영하는 곳인데, 한강 변에서 자전거를 타다가 들르기 좋은 위치에 있다. 카페 주인과 손님이 가깝게 지내는, 자전거족의 아지트 같은 곳이다. 이 공간의 첫 악수는 자전거 핸들이다. '드롭바'라고 하는 선수용 자전거 핸들을 문에 붙여두었는데, 구불구불 휘어진 모양이 묘하게도 문을 여는 데 적합하다. 금속 프레임의 겉은 폭신한 가죽으로 마감되어 있어 부드럽게 손을 받아내는 느낌이 좋다. 굳이 비싼 돈을 들이지 않고도 공간의 첫인사를 인상적으로 만들어낸 예다.

서교동에 있는 내 사무실 문손잡이는 1년에 두어 번씩 바뀐다. 묵직한 금속 문에 구멍을 내어 등산용 로프를 연결한 후, 로프 끝에 손으로 쥘 만한 물체를 달아 손잡이로 쓰는데, 그 물체를 종종 바꿔 단다. 레고 블록을 조립해

서 쓰기도 하고 시공 현장에서 발견한 매끈한 나무 조각을 매달기도 한다. 여행 중에 소품가게에서 귀여운 공사용 삽 모형을 발견했는데, 건물을 짓는 사무실이니 아침마다 출근하며 첫 삽을 뜬다는 의미를 담아 매달아두기도 했다. 재미있게 생긴 물건을 우연히 만나면 '저거 혹시 손잡이로 쓸 수 있지 않을까?'라는 생각에 사무실로 가져와서 테스트를 해보고 있다. 때로는 진지하게, 때로는 장난기 담은 악수를 상상하면서.

◦

'문손잡이는 건물이 건네는 악수다'라는 문장은 유하니 팔라스마의 명저 《건축과 감각The Eyes Of The Skin》에 나온다. 원서 제목은 '피부에 달린 눈'인데, 대체 무슨 뜻일까? 책은 이런 질문을 던진다. '우리 인간은 다섯 종류나 되는 감각기관을 가지고 있는데, 왜 공간을 경험할 때는 대부분 시각에만 의존할까? 얼굴에 달린 눈으로만 공간을 보지 말고 손에 달린 눈으로도, 발에 달린 눈으로도 공간을 보아라.' 제목에는 이런 의미가 담겨 있다.

하긴 그렇다. 나도 좋은 공간에 들어서면 눈으로만 쓱 보고 "와~ 여기 좋은데!" 하고 감탄하며 핸드폰을 꺼내 사진 찍기 바쁘다. 시각이라는 감각에만 의존하다 보니 후각이나 촉각 같은 복합적인 경험을 받아들이는 데 둔감해진다.

눈은 분석하지만 몸은 기억한다. 좋은 공간이 주는 감정의 변화를 온전히 누리려면 몸의 감각을 총동원해야 한다. 공간에 퍼져 있는 은은한 나무 향도 킁킁 맡아보고 울퉁불퉁한 벽이 있다면 손으로 살살 쓰다듬어 봐야 한다. 대화할 때는 내 목소리가 공간에 어떻게 울리는지 주의를 기울여 들어본다. 공간은 복합적인 감각을 한꺼번에 즐길 수 있는 종합선물세트이기 때문이다.

인생 공간이 될 만한 좋은 공간을 만난다면 속도를 늦추자. 그리고 공간의 형태를 살피고 오감을 동원해 디테일을 즐기자. 이럴 때 공간은 우리에게만 들리는 목소리로 메시지를 건넨다. 위로와 격려, 영감과 통찰 같은 인생에서 필요한 덕목들이다. 공간의 목소리를 듣는 것이야말로 좋은 공간에 나를 두는 방법이다. 다음 장에서는 공간이 마련하고 건축가가 챙겨둔 메시지를 하나하나 살펴본다.

일상 공간의 평범함에서는 약간 벗어나 있는,
그러나 너무 특별하지 않은 공간.
그 공간에 배경처럼 흘러가는 잔잔한 사건.
이런 장소에서 우리는 일생일대의 숙제가
한 번에 풀리는 경험을 할 수 있다.

일상 공간에서

인생 공간으로

마이너리그 야구장과 에피퍼니의 공간

스태튼 아일랜드 페리호크스 홈구장

강화도 SSG 퓨처스필드

나는 30년 차 야구팬이다. 처음 야구를 보기 시작한 건 1994년이었는데 그해 LG트윈스가 한국 시리즈에서 우승하는 것을 보고 '이 팀을 응원하면 우승하는 모습을 자주 보겠구나!'라는 불순한 마음으로 팬이 되었다. 그로부터 30년. 결국 한 번도 우승을 보지 못한 비운의 팬이 되었다. (이 책을 쓰던 2023년, 드디어 기다리던 우승을 하긴 했지만.)

그 후 몇 년 동안 뉴욕에서 직장을 다니며 나는 메이저리그 뉴욕 메츠의 팬이 되었다. 메츠 역시 오랫동안 우승하지 못한 팀이라 아픔을 나누는 심정으로 이 팀을 응원했다. 야구팬이라면 누구나 꿈에 그리는 메이저리그, 그 경기장에도 가봤다. 기대대로 압도적이었다. 4만 명이 넘는 관중이 경기장을 가득 메우고, 그 앞에서 세계 최고의 선수들이 곡예처럼 연신 멋진 플레이를 펼쳤다. 운동 경기라기보다는 잘 만들어진 한 편의 쇼를 보는 것 같았는데 인기가 워낙 많아 티켓을 구하기가 여간 어려운 일이 아니었다. 내가 사는 동네에서 멀지 않은 곳에서 지상 최고의 야구 경기가 벌어지는데 시즌에 한두 번밖에 갈 수 없다니. 야구팬으로서 무척 아쉬운 일이었다.

어느 날 야구팬인 직장 동료와 이런저런 대화를 나누는데, 야구를 직접 볼 수 있는 다른 방법이 있다는 이야기를 들었다. "마이너리그 야구장에 가봐."

◦

뉴욕의 맨해튼에서 멀지 않은 곳에 스태튼 아일랜드라는 섬이 있다. 이 섬과 맨해튼을 잇는 가장 효율적인 대중교통 수단은 배다. 아침저녁으로 스태튼 아일랜드와 맨해튼 사이를 출퇴근하는 사람들이 통근 페리를 타고 바다를 건넌다. 스태튼 아일랜드에는 이 섬을 홈구장으로 두고 있는 마이너리그팀, 페리호크스가 있다. 구단 이름을 페리나 따라다니며 음식 부스러기를 노릴 것 같은 매라고 짓다니…. 과연 승리의 의지가 있는 구단인지 의심스러웠다.

선선한 초여름 바람이 불던 어느 날, 퇴근 후 정장 차림 그대로 스태튼 아일랜드로 가는 페리에 올랐다. 자유의 여신상 옆을 스치듯 지난 페리는 30분쯤 후에 스태튼 아일랜드의 항구에 도착했다. 퇴근 후 어딘가 놀러 가는 마음으로 이미 약간 상기돼 있었는데, 항구 옆에 있는 야구 경기장에 들어서자 흥분이 더욱 고조되었다. 여기가 바로 꿈의 구장이 아닌가. 외야석 너머로 조금 전 건너온 바다가 보이고, 맨해튼 고층 빌딩이 전경에 펼쳐져 있었다. 비록 벤치는 낡고 경기장 규모는 작았지만, 이 풍경 하나만으로도 내 인생 최고의 야구장이 되기에 충분했다.

경기가 시작되었다. 솔직히 말하면 긴장감 넘치는 경기는 아니었다. 관중들은 가족이나 친구들과 잡담을 하다가 가끔 좋은 플레이가 나오면 짧게 박수를 치고 다시 잡담으로 돌아갔다. 여기서 뛰는 선수들은 메이저리그 진출을 꿈꾸는 유망주, 슬럼프에 빠져 2군으로 내려온 베테랑, 슬라이딩을 하다가 다리를 삐끗한 부상자들이었다. 직업의 세계로 보자면 인사조치로 지방 발령 난 부장님 같은 선수들이니, 이겨야겠다는 팽팽한 승부욕보다는 개인의 능력을 점검하기 위한 과정이라 보는 것이 맞았다.

그런데 의외의 재미는 따로 있었다. 기분 좋은 바닷바람을 맞으며 맥주와 핫도그를 먹을 수 있었는데, 입장료를 포함하여 30달러를 내면 핫도그를 무제한으로 먹을 수 있는 도전권을 주었다. 물론 나도 도전. 결과는? 입장료 따로 내고 한 개만 사 먹을걸, 3개째부터 도저히 더 먹을 수 없어 항복했다. 또 다른 재미는 공수 교대 시간이었다. 마스코트 복장을 한 응원단장이 관중석에서 어린이들을 데리고 나와 이인삼각 달리기 경주를 했다. 넘어지고 뒹구는 아이들의 웃음소리가 경기장에 울려퍼지고, 경기장 너머 수평선에는 노을이 지고 있었다. 경기가 끝나자 맨해튼의 야경 위로 불꽃이 쏘아 올려졌다. 천천히 밤하늘에 번지는 불꽃을 바라보며 페리를 타고 집으로 돌아왔다.

야구장 특유의 열광적인 응원이나 함성, 마이너리그 구장에 그런 건 없었다. 대신 잔잔한 웃음과 짧은 감탄사가 관중석에서 끊임없이 터져 나왔다. 이 부드러운 웅성거림이 페리호크스 홈구장의 인상으로 마음에 남았다. 그날 이후, 일을 마치고 머리가 복잡한 저녁이면 종종 스태튼 아일랜드행 페리에 올랐다.

◆

소설가 무라카미 하루키의 팬이라면 그가 소설가가 되어야겠다고 마음먹은 순간에 대한 일화를 알고 있을 것이다. 혼자 야구 경기를 보러 간 하루키가 외야석에서 경쾌하게 날아가는 2루타를 보며, 아무런 근거도 없이 자신도 소설을 쓸 수 있을지 모른다고 생각했다던 이야기 말이다. 나도 그의 열렬한 팬이긴 하지만 이 일화만큼은 소설가가 된 후에 미화한 것이 아닐까, 살짝 의심스럽다. 하루키표 버터 맛이 가미된 이야기랄까. 그렇긴 해도 "어떻게 그 직업을 가지게 되었어요?"라는 질문에 "진구 구장의 2루타가 계기였죠"라고 답한다니, 하루키 소설에 자주 등장하는 초현실적인 사건 같아 확실히 멋있다.

한국에 와서도 종종 페리호크스 생각이 나서 찾아보니, 우리나라에는 퓨처스리그라는 2군 야구 경기가 있었다. 연고지별로 지역 곳곳에 경기장도 있었다. 어느 청명한 가을날, 강화도에 있는 'SSG 퓨처스필드'를 찾았다. 여기에서도 페리호크스 구장에서처럼 흥미로운 풍경이 펼쳐졌다. 관중석에 앉으니 경기장 너머로 강화도 산의 완만한 능선이 보였다. 나무 배트에 공이 맞는 경쾌한 소리가 산 너머로 울려 퍼졌다. 메아리가 울리는 자연 속 야구장이었다.

스태튼 아일랜드 페리호크스와 퓨처스리그의 경기를 보면서 나는 '느슨한 볼거리'라는 새로운 장르를 경험했다. 야구는 긴장감 넘치는 경쟁, 화려한 플레이, 짜릿한 역전극이 전부인 줄 알았는데 흘러가는 풍경처럼 감상하는 야구도 있다는 사실을 알게 되었다. 그리고 그것은 큰 소리로 열광하게 하는 야구 경기만큼이나 꽤 괜찮은 경험이었다.

오늘날의 소설가 하루키를 탄생시킨 것은 이 '느슨한 볼거리'가 아니었을까. 텅텅 빈 외야석에서 맥주를 마시며 누워 있다가 터진 2루타. 그 한순간을 포착해 인생에서 가장 중요한 결정을 내린 것이다. 여기서 핵심은 그 경기가 눈을 뗄 수 없는 박진감 넘치는 경기가 아니었다는 점이다. 만원 관중이 모인 결승전이었다면 하루키는 아직도 그의 전직인 재즈바 사장을 하고 있었을지도 모른다.

하루키는 자신의 책에서 2루타의 순간을 '에피퍼니Epiphany'라는 단어로 설명한다. 에피퍼니란 어떤 일의 본질이나 의미를 갑작스럽게 알게 되는 순간을 말한다. 학습이

나 시행착오를 통해 얻는 깨달음이 아니라 전혀 예기치 않은 순간, 감탄사 '아!'가 터져 나오는 통찰의 순간을 말한다. 일생에 한두 번 맞이할까 말까 한 귀중한 통찰이라는 의미에서 불교에서 말하는 돈오(頓悟)에 가깝다.

흔히 이런 일생일대의 깨달음은 그랜드캐니언 같은 대자연이라든가 고딕 성당처럼 웅장한 장소에서 얻을 것이라 생각하기 쉽다. 하지만 주의를 기울이면 우리가 쉽게 갈 수 있는 평범한 장소에서도 에피퍼니가 일어날 수 있다. 아니, 오히려 에피퍼니의 공간은 우리의 마음을 뺏을 정도로 너무 흥미로우면 안 된다. 공간이 지나치게 엄숙해서 우리의 감정을 압도해도 곤란하다. 공간에 압도되면 내면에서 잠깐 울리고 사라지는 운명의 '아!'를 놓칠 수 있기 때문이다.

일상 공간의 평범함에서는 약간 벗어나 있는, 그러나 너무 특별하지 않은 공간. 그 공간에 배경처럼 흘러가는 잔잔한 사건. 이런 장소에서 우리는 일생일대의 숙제가 한 번에 풀리는 경험을 할 수 있다. 하루키식 표현법을 빌리자면, 에피퍼니라는 수줍은 고양이는 1군보다는 2군, 메이저보다는 마이너 공간에서 조용히 숨죽이며 우리에게 발견뎌기를 기다리고 있는 것이다.

아, SSG 퓨처스필드에선 예상치 못한 점이자 페리호크스 홈구장과는 다른 점이 있었는데 우리나라 2군 리그에는 선수들을 따라다니며 거대한 망원렌즈로 사진을 찍는 팬 부대가 있다. 응원하는 선수가 타자로 나서면 '차차차차차차찰칵' 하고 카메라의 연속 촬영 셔터음이 메아리치며 들려왔다. 왜 이렇게들 '차차차차차차차찰칵' 하고 열심히 사진을 찍을까? 경기를 보며 슬쩍 팬들의 대화에 귀 기울여보니, 퓨처스리그 팬들은 '육성의 즐거움'을 누리고 있다. "저 선수, 데뷔 때부터 팬이었어. 내가 키우는 선수야." 같은 대화가 언뜻언뜻 들려왔다.

야구팬이 되어보니 야구를 사랑하는 가장 큰 이유는 내가 좋아하는 선수들에게 감정이입을 할 수 있기 때문이다. 이제 막 커리어를 시작해서 아직 서툰 신인들, 부상을 당하거나 성적이 나오지 않아 2군으로 내려온 베테랑 선수들. 우리가 그런 언더독을 응원하는 이유는 그들의 모습에 내 모습을 겹쳐 보기 때문은 아닐까. '내 인생 최고의 노래는 아직 불리지 않았다' '내 인생 최고의 플레이는 아직 나온 적이 없다'와 같은 기대를 안고 하루하루 출전하는 선수들이 모여 있는 곳이 여기, 마이너의 세계다. 메아리가 울려 퍼지는 숲의 구장에서 펼쳐질, 자신의 플레이를 기다리는 선수들에게 우리는 마음을 실은 응원을 보낸다.

어쩌면 느슨한 볼거리를 핑계 삼아 다른 사람이 아닌 나 자신을 응원하러 가는지도 모를 일이다.

뉴욕 맨해튼
페리 호크스
핫도그
3개째
마이너리그, 좋아.

몰입을 원한다면 몰입의 공간으로

파주 음악감상실 콩치노 콘크리트
서울대 고전 음악감상실

휴대폰 앱에서 제공하는 유튜브 시청기록을 보고 깜짝 놀랐다. 내가 어제 하루 동안 유튜브를 무려 3시간이나 봤단다. 더 놀라운 것은 도통 뭘 봤는지 전혀 기억나지 않는다는 점이다. 분명히 볼 때는 '와, 이거 좋은 정보인데'라고 감탄한 것 같은데, 정작 그게 뭐였는지 모르다니.

왜 이런 단기 기억상실증에 걸린 걸까? 지금 이 글을 쓰고 있는 내 모습을 보면 그 이유를 알 수 있다. 컴퓨터 모니터 앞에 앉아 글을 쓰면서, 왼쪽에 둔 아이패드로 참고자료를 보고, 오른손엔 소금빵을 쥐고 아침식사하면서, 가끔 휴대폰 메시지도 확인하고 있다. 문제는 여러 가지 일을 동시에 처리하는 멀티태스킹에 있었다.

이렇게 산만하니 점심 때쯤 "아침 뭐 먹었어?" 같은 질문을 받으면 기억이 나지 않는 게 당연하다. 자료를 찾다 보니 이 문제를 다룬 책과 기사가 쏟아지고 있었다. 최근 화제가 된 책《도둑맞은 집중력》처럼 사람들은 자신의 집중력이 도둑맞고 있다는 사실을 슬슬 눈치채기 시작했다. 그런데 눈치채면 뭐 하나?《도둑맞은 집중력》서문을 읽은 지 5분도 안 돼서 한 손으로는 인스타그램 피드를 넘기고 있을 텐데. 누군가는 침대에서 누워 책을 읽다가 어느새 유튜브로 '도둑맞은 집중력 10분 요약'을 찾아보고 있을지도 모른다.

이 산만한 멀티태스킹의 시대에 진득이 한 가지에 몰입하는 방법은 정말 없는 것일까? 아니, 하나 있다. 한 가지 일만 할 수 있게 도와주는 모노태스킹 공간으로 가면 된다. 몰입을 원한다면, 몰입의 공간으로 가라.

◦

경기도 파주에 있는 음악감상실, '콩치노 콘크리트'에 가본 적이 있다. 한 음악 애호가가 건물을 짓고 클래식과 재즈 음악을 LP 레코드로 들려주는 공간이다. 입구에 있는 카운터에서 커피를 주문하려 하니, 음료는 팔지 않고 입장료만 받는다는 대답이 돌아왔다. 전 국민 커피 애호의 시대에 입장료만으로 장사가 되나? 의아해하며 내부로 들어섰다. 압도적으로 거대한 방이었다. 콘크리트 벽을 그대로 살려서 만든 공간 그 가운데를 차지한 것은 사람 키보다 큰 스피커였다. 스피커에서는 음악이 흘러나오고 있었는데, 소리가 얼마나 박력 있는지 마치 바이올린의 울림통 속에 들어온 것처럼 음악이 내 주변의 공기를 휘젓는 느낌이었다.

마침 나오는 곡은 재즈 피아니스트이자 작곡가, 오스카 피터슨Oscar Peterson의 '자유의 찬가Hymn to Freedom'였다. 나는 공간이 한눈에 내려다보이는 2층에 자리 잡고 음악을 감상하기 시작했다. 선율은 체념한 듯 힘없이 시작한다. 원래 오스카 피터슨은 발랄한 속주로 유명한데, 이 곡에서는 마치 세상 자유가 다 사라진 것처럼 숨죽여 연주한다. 그런데 곡이 전개되면서 점점 선율이 밝아진다. 오스카 피터슨 특유의 장난기도 발동된다. 그러다가 곡의 맺음부에서는 또 한 번 진지한 얼굴로 표정을 바꾼다. 자유의 깃발을 흔드는 선지자처럼.

감정의 3단 변화

몰입의 시간이었다. 휴대폰에 시선을 뺏기지 않고 7분 동안 온전히 내 몸으로 음악을 흡수했다. 이런 기분, 참으로 오랜만이었다. 요즘 내 일상에서 음악이란 일할 때 배경으로 틀어두거나 헬스장에서 운동하며 이어폰으로 듣는 것이 되어버렸는데, 이 공간에서만큼은 음악이 나의 뇌를 지배하는 주인공이 되어 있었다. 주인공의 활약을 방해하는 커피도, 디저트도 없다. 이 공간엔 스피커를 제외하고는 특별히 눈길 가는 것도 없다. '장사가 되겠어?'라고 생각한 것과는 달리, 늦은 오후에도 많은 손님이 이 압도적인 공간에 앉아 진지하게 음악에 빠져들고 있었다.

그런데 7분간의 몰입 후 뜬금없는 생각이 떠올랐다. '오스카 피터슨은 자유의 찬가를 연주하면서 모노드라마를 하고 있구나. 마치 가면을 바꿔 쓰는 변검처럼 순간순간 역할을 바꿔가면서.'

처음에는 '그래, 자유가 없어서 슬퍼' 하고 체념한 흑인 노예였다가 '후후, 괜찮아. 자유라면 널려 있잖아!' 하고 웃음을 던지는 유쾌한 동네 아저씨로, 마지막에는 자유를 큰 소리로 부르짖는 혁명가로 변신한다. 체념-유쾌-진지로 이어지는 3단 연기로 우리 마음을 움직이는 것이 오스카 피터슨의 '자유의 찬가'구나. 몰입의 공간이 나를 창조적인 생각의 세계로 이끌고 있었다.

◆

멀티태스킹이라는 단어는 1960년대 IBM 컴퓨터의 새로운 성능을 설명하기 위해 만들어졌다. 그러니까 멀티태스킹은 원래 인간의 영역이 아니다. 컴퓨터의 성능을 인간이 흉내 내고 있으니 부작용이 생길 수밖에. 특히 인간이 컴퓨터와 다른 점은 감각기관을 통해 끊임없이 정보를 받아들인다는 점이다. 지금 이 순간에도 우리 몸의 감각기관은 쉴 새 없이 시각, 촉각, 청각의 정보를 뇌로 보내고 있다.

그런데 감각기관은 멀티태스킹에 적합하지 않다. 음악을 들으며 커피를 마시는 경우, 청각과 미각이 2개의 자극을 동시에 감지하지 못한다. 마침 카페에서 좋은 음악이 나와서 청각에 신경이 쏠리면, 커피 맛은 잘 느껴지지 않는다. 키스할 때 두 눈 부릅뜨고 상대방 얼굴을 본 적이 있는가? 우리의 눈이 자연스레 감기는 이유는 촉각이라는 하나의 감각에 집중하려는 본능 때문이다. 생각의 멀티태스킹은 가능할지 몰라도 감각의 멀티태스킹은 쉽지 않다.

몰입하려면 자신이 원하는 하나의 감각에 집중하고, 다른 감각의 스위치는 꺼두어야 한다.

건축가들은 우리의 주의를 산만하게 하는 공간 속 물체들을 '비주얼 노이즈Visual Noise', 즉 시각 잡음이라고 부른다. 라디오 주파수가 맞지 않을 때 '지지직' 잡음이 섞여 드는 것처럼, 공간에도 주의를 산만하게 하는 시각 잡음이 흔하게 섞여 있다. 책상 위에 쌓여 있는 정리 안 한 서류도 시각 잡음이고, 아파트 상가에 잔뜩 달린 간판의 홍수도 시각 잡음이다. 적당히 존재하면 우리에게 정보를 주는 유용한 물건이지만 과도하면 오히려 정보 흡수를 저해하는 방해물이 된다.

이 산만함의 시대에도 수월히 몰입하고 싶다면 시각적 소음을 제거한 몰입의 공간으로 들어가야 한다. 스님이 수행을 시작하면 자신이 생활하던 큰 절을 떠나 작은 암자에 기거하는 일과 같다. 공간을 바꿔야 몰입에 이를 수 있다는 사실을 스님은 알고 있는 것이다.

◦

공치노 콘크리트에서 음악을 듣고 있자니 대학 시절

자주 가던 음악감상실이 떠올랐다. 학생회관 1층에 클래식 음악만 틀어주는 작은 방이 있었는데, 고전음악 동아리 소속 학생들이 돌아가며 디제잉을 ('소리지기'라고 불렀다. 멋진 이름!) 하는 곳이었다. 작은 공간이었지만 공간의 특징은 콩치노 콘크리트와 같았다. 커다란 스피커가 있고 스피커를 향해 의자가 놓여 있다. 오로지 그것뿐. 음료나 음식은 금지. 유일한 볼거리라고는 곡이 바뀔 때마다 소리지기가 테이블에 올려놓는 앨범 재킷이 전부였다. 여기서 구스타프 말러Gustav Mahler도 듣고 안톤 브루크너Anton Bruckner도 들었다. 아마 지금 들으라고 하면 5분도 안 돼서 휴대폰을 들여다볼 것 같은, 낯설고 긴 음악이었는데 그때는 어쩐 일인지 인내심을 갖고 끝까지 들었다. 고전음악감상실도, 콩치노 콘크리트도 청각의 몰입을 위해 시각 잡음을 최소화한다는 공간의 원칙을 지키고 있었기 때문이다.

그럼 노이즈로 가득한 집이나 사무실처럼 평범한 공간에서는 몰입이 도저히 불가능한 것일까? 건축가는 이럴 때 조명을 이용해 공간을 변신시킨다. 방 전체를 밝히는 대신 내가 집중해야 할 대상에만 조명을 비춘다. 미술관에서 그림에 집중하게 할 때, 레스토랑에서 데이트하는 상대에게 집중하게 할 때, 매장에서 핸드백을 매력적으로 보이게 할 때, 조명만큼 효과적인 것은 없다. 조명으로 시각 잡음을 줄이는 방법은 당장 내 방에도 적용할 수 있다. 어지러운 방 안의 물건들을 전부 치우지 않고도 시각 잡음을 잠재우는 방법은 조명의 방식을 바꾸는 것이다. 천장에 달린 조명을 모두 끄고 스탠드 조명을 아래로 내려 바닥을 밝힌다. 천장이 어둠에 잠기고 바닥이 밝아지는 빛의 역전을 만들면 공간을 채운 시각 잡음들이 입을 다문다. 그때 비로소 몰입의 공간이 만들어진다.

◦

이 시대에 우리가 집중력을 되찾고 몰입하는 시간이 절실해진 데는 더 근본적인 이유가 있다. 콩치노 콘크리트에서 음악에 몰입하고 오스카 피터슨의 연주가 3단 감정 연기라고 생각한 건 나만의 견해다. 이런 의견은 음반 해설서에서도, 인터넷에서도 찾을 수 없다. 만약 내가 유튜브로 같은 음악을 들었다면 눈으로는 이미 다음 곡을 고르고 있지 않았을까.

노이즈가 없는 공간에서 7분간 몰입한 경험이 내게만 남긴 그것. 누군가가 나에게 "오스카 피터슨의 연주를 어떻게 생각해?"라고 묻는다면 "감동이야!"나 "대박!"이라 말하는 대신, "오스카 피터슨은 3단 감정의 연기자야"라며 나만의 정의를 내놓을 것이다. 나는 앞으로 글을 쓸 때나 강연할 때, 특히 '자유'처럼 어렵고 추상적인 개념을 누군가에게 납득시켜야 할 때 이 3단 감정법을 적용해볼 생각이다. 하다못해 저녁에 한잔하고 노래방에 들러 발라드를 부르며 체념-유쾌-진지로 이어지는 3단 감정법을 써먹을 수도 있겠지.

몰입은 입력된 정보를 나만의 이야기로 재해석하도록 도와준다. 단순히 정보를 많이 입력하기 위해서라면 멀티태스킹에 적합한 사무실에 있는 게 맞다. 하지만 자신만의 관점을 발견하려면 '몰입의 공간'에 나를 두어야 한다.

저녁에 집으로 돌아와서 유튜브로 오스카 피터슨의 음악을 다시 들었다. 콩치노 콘크리트에서 느낀 몰입의 경험을 재현해볼 요량으로. 그런데 정신을 차리고 보니 얼마 지나지 않아 '콩치노 콘크리트를 누가 만들었나'라는 생각에 빠져 인터넷에서 검색하고 있는 나를 발견했다. 그 즉시 핸드폰을 치우고 스탠드를 바닥에 내려 천장의 빛을 바닥의 빛으로 역전시켰다. 다시 음악을 처음부터 재생했다.

드디어 귀가 음악만을 듣기 시작했다. 조명이라는 작은 차이로 몰입에 성공한 것이다. 그러나 그 순간 '조명 이야기를 이번 책에 써먹어야겠다!' 싶어져 어둠 속에서 메모지를 찾고 있는 나를 발견하고야 마는데….

멀티태스킹은 병이다, 병.

공치노 콘크리트

아날로그 공간이 주는 생각의 여백

연희동 포셋

우리의 집중력을 훔쳐 간 도둑, 그 용의자를 굳이 한 명만 지목하자면 2007년 처음 세상에 소개된 아이폰이다. 전화, 검색, 음악, 사진기를 하나로 합친 장난감을 우리 손에 쥐여줬으니 어린아이처럼 산만해질 수밖에. 언젠가 이런 기사가 화제가 된 적이 있다. 아이폰을 개발한 스티브 잡스가 자녀들의 아이폰 사용을 금지한다는 것. 이런 종류의 이야기를 예전에도 들은 기억이 있는데, 소문에 의하면 라면 회사 사장님은 자녀들에게 절대로 인스턴트 라면을 먹지 못하게 한다는 것이다. 우리가 모르는 비밀을, 그들은 알고 있다.

스티브 잡스의 교육 방침을 보며 가슴이 서늘해지는

이유는 실제로 스마트폰이 나에게 해를 끼치고 있다는 사실을 점점 실감하고 있기 때문이다. 영화관에서 영화를 보던 어느 날, 스토리 전개가 조금 느려지자 마음속으로 상상의 빨리감기 버튼을 연신 누르는 나를 발견했다. 결국 참다 참다 중간에 영화관을 빠져나와버리기까지 했다. 우습게도 집에 오자마자 한 일은 유튜브에서 영화 요약본으로 결말을 확인한 것. 유튜브를 보다 보니 영화의 배경지인 이탈리아 도시 소개 영상이 알고리즘으로 연결되고, 이번 휴가 여행지는 여기로 정할까 하는 생각이 들면서 또 다른 영상으로 이어졌다. 끝없이 샛길로 빠지며 밤은 깊어가고…. (라면도 끓여 먹었다.) 혹시 '나랑 똑같네'라고 중얼거리고 있다면 당신은 디지털 디톡스를 할 수 있는 공간으로 하루빨리 떠나야 한다.

⭘

디지털 샛길에서 아날로그 공간으로 가야 한다. 서울 연희동의 작은 가게 '포셋'은 아날로그 감성으로 채워진 곳이다. 엽서 도서관이라 불리는 이곳은 주로 그림엽서를 전시하고 판매하는 편집숍인데, 마치 미니 갤러리에 온 듯 손바닥만 한 엽서를 하나씩 들여다보는 재미가 있다. 엽서에는 귀여운 동물도 있고, 감성적인 풍경도 있고, 유머러스한 일상의 장면도 담겨 있는데, 보고 있으면 은은한 미소를 짓게 되는 작품들이다. 수많은 엽서 중 내가 고른 한 점은 어떤 남자를 그린 손그림 만화엽서였다. 일하다가 기지개 켜는 모습을 묘사한 그림인데, 지루함이 얼마나 거대하게 그를 덮쳤는지, 기지개를 켜다 못해 상체가 뒤로 180도 꺾어진 모습이었다. 사무실 모니터 앞에 붙여놓고 휴식 시간에 가끔 들여다보고 있다.

포셋에서 내 눈길을 끈 물건은 가게 한쪽 벽면을 따라 줄지어 있는 사물함이었다. 손바닥만 한 100여 개의 작은 사물함에는 열쇠가 달려 있어 개별적으로 잠글 수 있는데, 점원에게 물어보니 손님에게 대여하는 보관함이란다. 손님들은 자신이 구입한 엽서에 메시지를 써서 개인 사물함에 보관할 수 있다. 손님에 따라 일기를 보관하기도 하고, 연인끼리 서로에게 엽서를 써서 모아두기도 한다고 했다. '메시지 보관함'이라고 하면 이메일을 모아두는 온라인 폴더가 먼저 떠오르는 이 시대에 실물 메시지를 위한 보관함이라니. 그런데 곰곰이 생각해보니 엄마 험담을 쓴 일기라든가 옛 연인과 교환했던 추억의 편지 같은 것들은 집에 두기엔 매우 위험하다. 옷장 속 깊이 숨겨둔 상자의 역할을 포셋이 대신 해주고 있다고 생각하자 보관함의 존재가 새삼 납득되었다.

포셋 창문 앞에는 작은 책상이 마련돼 있다. 마침 여성 한 분이 방금 구입한 엽서를 앞에 두고 앉았다. 그녀는 한참을 말없이 창밖만 응시하다가, 이내 몸을 숙이더니 엽서에 연필로 사각사각 글씨를 적어 내려갔다. 엽서 갤러리, 메시지 보관함, 창가에서 쓰는 손편지…. 포셋은 디지털 시대에 맞서 아날로그의 즐거움을 나지막한 목소리로 주장하고 있었다.

◦

스티브 잡스와 함께 디지털 시대를 이끈 또 한 명의 거인, 빌 게이츠. 어느 날 그는 무려 350억 원을 들여 경매로 물건을 하나 구입한다. 손그림과 손글씨가 빽빽하게 적힌, 오래된 스케치북이었다. '코덱스 레스터Codex Leicester' 라 불리는 이 스케치북은 인류 역사상 가장 창의적인 사람 중 하나인 레오나르도 다빈치가 남긴 기록이다. 세상 만물에 능통했던 르네상스맨. 그가 평생 천문, 의학, 과학, 건축, 예술을 종횡무진하며 얻은 아이디어와 발견을 적어둔

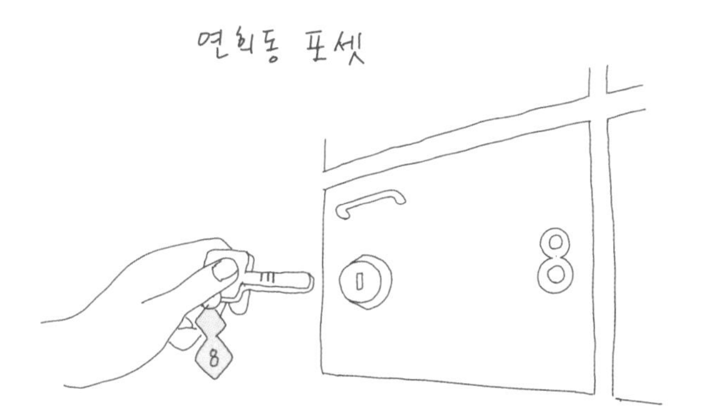

디지털 삼천포에서 빠져나오려면
아날로그 공간으로 가야 한다.

작업 노트가 바로 코덱스 레스터다. 고맙게도 빌 게이츠는 코덱스 레스터의 내용을 전부 스캔해서 인터넷에 공개했는데, 그 덕에 다빈치라는 천재가 어떤 하루를 보내며 살았는지 엿볼 수 있었다.

어느 날 다빈치는 하늘이 왜 파란색인지 궁금해졌다. 그는 검은 벨벳 천을 배경으로 모닥불을 피우는 실험을 했는데, 그 결과 연기가 푸른색으로 보인다는 사실을 알게 되었다. 그는 이 관찰을 바탕으로 하늘 너머에 검은색 어둠이 있기에 하늘이 파랗게 보인다는 결론을 내렸다. 인류가 우주로 나가기도 전에 우주에 끝없는 어둠이 존재한다고 예측한 것이다. 그는 이러한 깨달음을 얻자마자 작은 스케치북을 열고는 잉크로 사각사각 자신의 발견을 기록했다. 또 어느 날은 강물을 관찰하다가 강 표면에 잔물결이 형성되는 이유가 궁금해졌다. (뭐 이런 것까지 이유를 궁금해해야 하나 싶은데, 하여튼 다빈치는 그런 사람이었다.) 강물의 흐름을 방해하는 물체가 어떻게 물의 표면에 무늬를 새기는지, 세세하게 그림을 그리고 이유를 추측하면서 하루를 보냈다. 다빈치가 평생 이렇게 남긴 기록은 무려 7천2백 페이지에 달한다.

실로 대단해 보이지만 우리도 어릴 때 쓰기 시작한 일기를 지금껏 계속 썼더라면 평생 이 정도 분량을 남기지 않았을까? 수준 차이야 있겠지만 코덱스 레스터는 우리가 초등학교 때 작성했던 관찰 일기와 크게 다를 바 없다. 당시 우리는 물에 적신 솜 위에 완두콩을 올려놓고 하루하루 자라는 모습을 관찰하며 그것을 그림과 글로 기록했다. 그 시절 우리는 완두콩에서 싹이 나오면 뛸 듯이 기뻐했고, 올챙이 뒷다리가 나오는 모습에 탄성을 지르는 어린이였다. 다빈치와 우리의 차이점이라면 그는 성인이 돼서도 어린아이 같은 호기심의 불꽃을 꺼뜨리지 않았고, 그 불꽃을 관찰 일기로 계속 이어나갔다는 점이다. 반면 우리 중 대다수는 중학교 입학과 동시에 암기 과목의 압박에 짓눌리며 사물 관찰보다는 현상의 결과에 집착하게 되었을 것이다. 아마도.

다빈치의 관찰 일기는 성인이 된 우리에게 일기 쓰기에 대한 새로운 접근법을 제안한다. "오늘은"으로 시작해서 하루 동안 일어난 사건을 기록하는 일기를 쓰는 것이 아니라, 오늘 나에게 호기심을 불러일으킨 대상에 대한 관찰을 기록하는 일기를 쓰라고 말이다. 그렇다면 오늘 내 일기는 180도로 기지개를 켜는 남자의 그림을 자세히 관찰한 것, 포셋 창가에 앉아 손편지를 쓰던 사람을 관찰한 것, 이 두 가지가 될 것이다.

◆

학창 시절, 내가 건축가를 동경한 이유는 냅킨 드로잉 때문이었다. 우아하게 꾸민 레스토랑에서 하얀 식탁보가 덮인 테이블에 앉아 한 건축가가 주문한 음식을 기다리고 있다. 동그란 안경 너머로 주변을 응시하던 그가 갑자기 손을 뻗어 테이블 위에 놓인 냅킨을 집어 든다. 그러고는 셔츠 주머니에서 만년필을 꺼내더니 냅킨 위에 쓱쓱 스케치를 시작한다. 순식간에 작은 냅킨 위에 건물의 윤곽이 드러나고, 건축가는 때마침 테이블에 올려지는 수프를 맛보며 만족스러운 표정을 짓는다. 영화에 흔하게 등장하는 건축가의 모습인데, 학생 때는 이게 얼마나 멋있어 보이던지.

그로부터 세월이 흘러 실제로 건축가가 된 지금, 우아한 레스토랑에서 식사를 기다리다가 디자인 아이디어를 낸 적은… 한 번도 없다. (막상 맛있는 냄새를 맡고 나면 그렇게는 안 되더라.) 그럼에도 불구하고 나의 냅킨 드로잉에 대한 로망은 여전해서, 가방에 냅킨 대신 손바닥만 한 스케치북을 늘 가지고 다니며 아이디어를 스케치하는 습관이 생겼다. 그것이 이 책의 제목이기도 한 '공간 일기'다.

그림을 그려보니 손은 컴퓨터와는 다른 길로 생각을 안내한다는 걸 알게 됐다. 포셋도 그랬다. 책상에 앉아 편지를 써보면 컴퓨터 타이핑으론 느낄 수 없는 손글씨의 가치를 실감하게 된다. 컴퓨터 모니터에 하는 타이핑은 생각이 화면 위에 즉시 단어로 변환되는 반면, 손글씨는 생각과 단어 사이에 시간의 지연이 발생한다. 뇌가 수행하는 생각의 속도보다 손글씨의 속도가 느리기 때문이다. 타이핑은 목표를 향해 빠르게 나아가는 글을 쓰는 데 유리하다면, 손글씨는 생각과 생각 사이에 여백을 만들어 사색적인 문장을 만드는 데 유리하다. 손은 목표한 문장들 사이에 낭만적 문장이 자리 잡을 수 있게 해준다. 이것이 픽셀을 넘어서는 잉크의 힘이다.

스티브 잡스는 자신의 집 주방에 거대한 테이블을 두고 식구들과 읽은 책에 관해 이야기 나누는 규칙을 만들었다. 진정한 아이디어는 (본인이 개발한) 아이폰을 통해서가 아니라 얼굴을 마주 보고 하는 대화에서 생긴다는 비밀을 그는 알고 있었다. 거액을 들여 사들인 코덱스 레스터를 무료로 공개한 빌 게이츠도 같은 이야기를 하고 있다. 위대한 발견은 디지털카메라의 성능으로 얻을 수 있는 것이 아니다. 조용히 한 곳에 자리를 잡고 자기 눈으로 오랜 시간을 들여 대상을 관찰한 끝에 우리는 자신만의 통찰이라는 선물을 받게 된다.

기차역에는 사람이 있다

뉴욕 그랜드 센트럴 터미널

뉴욕 맨해튼에서 직장을 다니던 시절, 외국에서 혼자 살다 보니 매년 되풀이되는 문제가 하나 있었다. 바로 지독하게 가을을 타는 것. 쌀쌀한 바람이 불고 저녁의 어둠이 빨라지면 외롭고 우울해서 세상만사가 다 귀찮았다. 친한 미국인 친구에게 이 문제를 슬쩍 털어놨더니 "계절성 우울증은 감기 같은 거야. 하루 쉬어"라는 쿨한 답이 돌아왔다. 쓰러질 정도로 아프지 않으면 결근한 적이 없는 모범생인 나였지만 날이 갈수록 증상이 심각해져서 하루 쉬어 보기로 했다.

그런데 막상 평일에 집에 있자니 얼마 지나지 않아 안절부절 좀이 쑤셨다. 일단 집을 탈출. 무작정 길을 걷다

보니 뉴욕의 중앙역인 '그랜드 센트럴 터미널'에 닿았다. 기차를 타러 자주 와봤지만 이렇게 목적 없이 들어온 건 처음이었다. 내부를 두리번거리다가 지하층으로 내려갔는데 멀리서 좋은 냄새가 솔솔 풍겨왔다. 레스토랑이었다. 나중에 알고 보니 이곳은 100년 전 문을 연 유서 깊은 노포, '그랜드 센트럴 오이스터 바 & 레스토랑'이었다.

메뉴를 펼쳐보고 놀란 점은 예상을 뒤엎는 음식 종류였다. 기차역 식당이라면 주먹밥과 어묵처럼 간단한 음식을 파는 곳만 봐왔는데, 이곳은 칵테일 바를 갖추고 수프와 각종 해산물 구이를 먹을 수 있는 정통 레스토랑이었다. 오이스터 바라는 이름답게 대표 메뉴는 생굴이었다. 굴의 종류도 여러 가지라 골라 먹는 재미가 있었다. 빨간색과 흰색의 체크무늬 식탁보로 덮인 테이블에 느긋한 자세로 앉아 굴 한 입, 낮술 한 잔을 왕복했다. 그런데 여기서 든 의문. 기차역 지하 식당가에 이런 근사한 레스토랑이 있는 이유가 뭘까?

◆

지금으로부터 100여 년 전, 철도는 미국의 가장 중요한 교통수단이었다. 아직 자동차가 대중화되기 전이라 사람들은 대부분 기차로 출퇴근하고, 출장 가고, 주말여행을 떠났다. 그러다 보니 당시의 기차역은 단순히 기차를 타고 내리는 기능을 넘어 사람을 맞이하고 떠나보내는 중요한 만남의 장소였다. 오랜만에 만나는 가족을 마중 가고 사업 파트너를 모시러 가는, 도시의 대표 응접실이었다.

도시의 대표 응접실을 평범하게 지을 수는 없는 법. 뉴욕의 명성에 걸맞은 건물이 필요했다. 기차역 실내 공간을 설계해달라는 의뢰를 받은 건축 회사, 리드 앤 스템Reed and Stem은 '전 세계에서 가장 큰 실내 공간을 만든다'라는 아이디어로 답했다. 무려 10층 높이의 거대한 공간에 지붕을 덮고 광활한 천장에는 별자리를 새겨 넣어 마치 밤하늘 아래 있는 듯한 경이로운 공간을 디자인했다.

1913년, 기차역이 마침내 공개됐다. 예상대로 호평 일색. 개막 행사를 마친 손님들은 지하에 마련된 그랜드 센트럴 오이스터 바 & 레스토랑에 모여서 축하 만찬을 벌였다. 내부 공간 역시 사람들을 놀라게 했다. 식당을 덮고 있는 곡선 천장에는 반짝이는 타일을 붙였다. 마치 이 레스토랑의 대표 메뉴인 생굴 껍데기의 안쪽 면처럼 반들반들해 보이는 천장은 실내에 빛을 반사하고 있었다. 건축가는 천장이 낮고 어두침침할 수밖에 없는 지하 공간의 단점을 보완하기 위해 빛으로 가득한 동굴을 만든 것이다.

그로부터 100년이 흘렀지만 그랜드 센트럴 기차역은 여전히 뉴욕의 대표 응접실로 기능한다. 기차역과 역사를 같이 해온 레스토랑도 아직 같은 자리에서 영업을 이어가고 있다. 그리고 계절성 우울증에 걸린 한 남자, 회사를 하루 쉬고 대낮부터 혼자만의 만찬을 즐기고 있는 이 남자의 가을병도 슬슬 치유되고 있었다.

◦

설계하는 건축가 입장에서 보면 기차역은 한마디로 거대한 육교를 만드는 일이다. 기차를 타러 가는 과정을 생각해보자. 3번 플랫폼에 도착한 기차를 타려면 1번, 2번 플랫폼을 건너가야 한다. 플랫폼을 건너갈 육교를 만드는 것, 이것이 기차역 설계의 기본 목표다. 육교를 건너 다니는 사람은 하루에도 수천, 수만 명일 테니 육교의 폭이 충분히 넓어야 한다. 육교 위에서 친구를 기다리고 있는 사람들을 위해 한쪽엔 대기 공간도 마련해야 하고, 기다리다 보면 출출할 테니 주변에 식당도 두어야 한다. 이런저런 공간을 붙여나가다 보면 육교는 더 이상 육교가 아니라 수

많은 사람이 걷고 만나고 스치는 교차로가 된다. 이런 기차역의 교차로를 '콘코스Concourse'라고 부른다. 콘코스 설계에 건축가가 어떤 솜씨를 부렸는지 보는 것이 기차역 공간을 감상하는 관전 포인트다. 그저 육교의 기능에만 충실한 콘코스인지, 아니면 우아한 응접실이 되는 콘코스인지 기차역을 보면 그 도시가 지닌 야심과 건축가의 재능을 가늠할 수 있다.

식사를 마치고 역내를 돌아다니며 알게 되었는데, 그랜드 센트럴 터미널의 콘코스를 구경하기에 최적의 장소는 2층 발코니였다. 발코니 카페에 자리를 잡고 앉으니 콘코스가 한눈에 들어왔다. 처음에는 별자리 천장과 아름다운 장식에 감탄하다가 차츰 콘코스 위를 바삐 움직이는 사람들의 모습을 관찰하기 시작했다. 다인종 국가인 미국에 오면 사람 구경하는 재미가 있다. 황당할 정도로 독특한 패션을 한 사람들도 심심찮게 볼 수 있는데, 솜사탕처럼 부풀린 아프로 헤어스타일의 남자, 수염을 가슴까지 기른 바이크족…. 그리고 조금 더 풍경에 익숙해지면 마음을 움직이는 장면이 눈에 들어온다. 꼭 잡은 손을 놓지 않고 이별을 기다리는 남녀, 기차에서 내리자마자 기다리던 가

GRAND CENTRAL TERMINAL
NEW YORK 1913 / REED & STEM, WARREN & WETMORE
무겁지 않을까?
가끔, 사람구경.

족의 품으로 전력 질주하는 학생 등 기차역에는 반가운 재회와 눈물의 작별 인사가 벌어지고 있었다. 이들의 포옹과 키스를 보고 있자니 무언가가 마음을 건드리는 듯한 느낌이 들었다. 마치 라디오에 보내온 짧은 사연을 들었을 때처럼, 가슴 뭉클한 영화 한 편을 봤을 때처럼. 가을병으로 괴롭던 내 얼굴에도 절로 미소가 번졌다.

◦

기차역에서의 사람 구경은 계절성 우울증에 특효약이었다. 나에게 필요한 공간은 혼자 처박혀 있는 동굴이 아니라 사람들의 소란과 분주함이 있는 광장이었다. 이 책에서는 우리에게 위로를 주는 곳을 인생 공간의 하나로 살펴보고 있지만, 우리가 인간으로서 받을 수 있는 궁극의 위로는 결국 공간을 채운 사람에게서 나오는 것이다.

다만 여기서 중요한 포인트가 있다. 사람들의 소란과 분주함 '속'으로 들어가는 게 아니라 적당한 거리를 두고 바라볼 수 있어야 한다. 군중의 공간이되, 군중과 거리가 있는 공간에 나를 두어야 한다. 또 하나의 포인트를 더하자면 공간에는 군중이 만드는 드라마가 있어야 한다. 공감을 불러일으키는 따뜻한 드라마. 그런 점에서 기차역이 특별한 이유는 기차역에는 누구나 공감하는 사람들의 모습을 쉽게 발견할 수 있기 때문이다. 여행을 떠나기 전 설렘, 가슴 아픈 이별, 반가운 재회…. 모두가 한 번쯤 겪어본 익히 알고 있는 감정 말이다. 여기서 사람들을 보고 있으면 낯선 이에게도 쉽게 감정이입이 되고, 저 표정 뒤에 숨겨진 이야기를 상상하게 된다. 처음 보는 사람이지만, 말 한마디 섞지 않았지만, 그와 나 사이에 보이지 않는 끈이 맺어져 있음을, 인간 사이의 적당한 유대감이 형성돼 있음을 실감한 외톨이자다.

기차역은 군중 속 익명성과 유대감을 동시에 느낄 수 있는 공간이다. 그래서 사람 때문에 귀찮지도, 혼자여서 외롭지도 않은 공간이다. 이런 공간은 우리 주변에 흔하지 않다. 회사나 집은 유대감은 있지만 익명성이 없다. 우리가 흔히 시간을 보내는 카페는 익명성은 있지만, 각자 자기 일을 하는 분위기라 타인에게 유대감을 느끼기는 힘들다.

그랜드 센트럴에서 반나절을 보내고 나니 기차를 타고 멀리 떠나지 않아도 사람들의 감정이라는 공기를 쐬고 있는 것만으로 어딘가 여행을 다녀온 듯 기분이 밝아졌다. 뉴욕의 어느 가을날, 그랜드 센트럴 터미널에서 사람들의 활력을 온몸에 흡수하고 집으로 돌아왔다. 다음에 회사를 쉬는 날에는 어떤 종류의 굴을 맛볼까 생각하면서.

⚬

이 글을 쓰다가 문득 우리나라 기차역에도 사람을 구경할 수 있는 관람석이 있을까 궁금해졌다. 생각난 김에 바로 서울역에 가봤다. 전에는 몰랐는데, 기차역 2층에 사람들을 내려다보기 딱 좋은 발코니가 있었다. 다만 문제는 편하게 감상할 수 있는 벤치가 없다 보니 버려진 공간처럼 썰렁하다는 점이었다. 그러다 재미있는 장면을 목격했다. 한 남녀가 발코니 유리 난간에 기대 하염없이 사람 구경을 하고 있는 것이다. 반가운 마음에 다가가 보니 유리 난간에는 '기대지 마세요'라는 표지판이 커다랗게 붙어 있었다. '기대지 마시오' 대신 '기대어 볼 수 있는' 발코니석이 생기기를 바란다. 사람 구경에 즐거움을 더해줄 맛집이 생기면 더 좋고.

진실한 스몰토크의 공간

핀란드 쿨투리 사우나

유엔이 매년 발표하는 '세계에서 가장 행복한 나라' 순위에서 오랜 기간 당당히 1위를 차지하고 있는 나라가 있다. 바로 핀란드다. 핀란드 하면 숲과 호수가 어우러진 자연이 아름답고, 삶이 여유롭다는 것 정도는 알고 있지만 행복이라…. 세계 1위를 차지할 정도라면 핀란드만의 특별한 행복 비법이 분명히 있을 거라는 생각이 들었다. 2주간 핀란드 여행을 가게 된 어느 해, 나는 기회가 있을 때마다 만나는 사람들에게 행복의 이유를 물어보기로 했다. 저녁에 한잔하러 들른 바에서 30대 여성 바텐더에게 슬쩍 이야기를 건넸다. "당신이 행복한 이유는 무엇인가요?" 유쾌한 여장부 스타일의 그녀는 셰이커를 힘차게 흔들어서

마티니 한 잔을 척 내밀더니 망설임 없이 답을 내놨다. 또 한번은 배를 타고 이동하던 중, 옆에 앉은 신혼부부에게 슬며시 같은 질문을 해봤다. 역시 한 치의 망설임도 없이 이유를 말해주었다. 농장을 지나다가 꿀벌을 기르는 농부와 잠시 얘기를 나눌 기회가 있어서 물었는데, 그의 대답도 명쾌했다. 이들과 이야기를 나눈 이후, 더는 행복의 이유를 묻지 않기로 했다. 이들의 답이 거의 토씨 하나까지 틀리지 않고 동일했기 때문이다. 핀란드 정부가 외국 사람이 행복의 이유를 물어오면 이렇게 대답하라고 했나 의심이 들 정도였다. '당신은 왜 행복한가?' 그 질문에 대한 공통된 답은 다음과 같았다.

"내일 갑자기 불행한 일이 닥치더라도 사회가 나를 보호해줄 거라는 확고한 믿음이 있기 때문이죠."

◦

나는 살짝 허를 찔린 느낌이었다. 누군가가 나에게 행복의 이유를 묻는다면 내 대답은 개인적인 이유일 것이다. 나와 가족이 건강해서, 일찍 퇴근할 수 있어서, 편안한 집이 있어서…. 행복의 이유는 내가 가진 조건 안에서 찾기 마련 아닌가. 반면 핀란드에서 만난 사람들은 '나를 보호

해주는 사회', 즉 내 바깥에 있는 사회 제도에서 행복의 이유를 찾았다. 살다 보면 마주칠 수밖에 없는 불행들, 병에 걸리거나 직장을 잃거나 사업이 망하는 일이 닥쳐도 나를 보호해줄 시스템이 마련되어 있다는 것. 시스템에 대한 높은 사회적 신뢰가 핀란드인이 행복한 이유였다.

핀란드와 비교하면 한국 사회는 시스템보단 한 개인의 내적 행복에 사로잡혀 있는 것 같다. 내적 행복이 기준에 도달하지 못했을 때 쉽게 불행하다고 느끼고, 동일한 기준을 가진 다른 사람과 비교하며 우울해한다. 그러다 보니 거대한 시스템이 마련한 행복을 기대하기보다는 작더라도 확실하게 손에 잡히는 행복 쪽에 집중하기도 한다. 퇴근하고 갓 구운 빵을 먹으면서 느끼는 행복에 비중을 두는 것, 이른바 '소확행' 말이다.

하지만 핀란드 사람들을 조사해본 결과 (고작 서너 명이긴 하지만) 행복해지려면 사회가 만들어 놓은 거대한 행복 시스템, '대(大)확행'이 필수라는 사실을 알게 되었다. 사회적 신뢰라는 대형 기초가 탄탄히 받쳐줘야 그 위에 각자의 삶이 추구하는 소확행이라는 집을 지을 수 있다.

그럼 핀란드 사람들의 소확행은 뭘까? 단언컨대, 사우나다. 호텔에 체크인하다 보면 안내 끝에 매번 "사우나는 ○○층에 마련되어 있습니다"라는 설명이 따라붙었다. 그 층에 가보면 객실 사이에 공간을 비워서 만든 사우나를 볼 수 있다. 저녁이면 객실에 숨어 있던 사람들이 하나둘 모여들고, 모르는 사람끼리 벌거벗고 함께 사우나를 즐긴다.

핀란드에 머무는 동안 나도 매일 저녁 사우나를 했다. 가본 사우나 중 가장 인상적인 곳은 헬싱키의 '쿨투리 사우나'. 쿨투리는 문화라는 뜻이니, 이름하여 '문화 사우나'다. 문화 사우나…. 왠지 우리 동네 목욕탕에서도 봤던 이름 같다. 입구로 들어가면 우리나라처럼 입장료를 받는 프런트 데스크가 있는데, 2미터쯤 되는 장신의 핀란드 남성과 키 작은 일본인 여성이 손님을 맞이한다. 두 사람은 쿨투리 사우나를 만들고 운영하는 사장님 부부다. 원래 직업은 건축가와 디자이너라고. 어쩐지, 공간 디자인이 범상치 않더라니. 목욕탕 외관에는 마치 그리스 신전처럼 흰색 기둥이 줄지어 서 있고, 실내는 일본의 전통 다실처럼 어둡고 절제된 공간으로 꾸며져 있다. 내부 분위기 덕분에 사우나에 앉아 있으면 작은 종교 사원에 들어온 기분이 든다. 축축한 어둠의 공간, 창에서 들어오는 한 줄기 빛을 바라보며 몸을 덥힌다. 뜨거운 증기의 고통을 참고 참다가 사우나 앞에 있는 차가운 바다에 몸을 던진다. 이 행위를 반복하다 보면 어느새 쌓였던 피로가 풀리고 영혼이 정화되는 기분마저 든다.

일본에서도 이와 비슷한 경험을 한 적이 있다. 동네마다 '센토'라고 부르는 대중목욕탕이 있어서 여행 중 종종 드나들곤 했다. 하루를 마무리하기에 이만한 장소가 없었다. 후지산이 그려진 거대한 벽화 앞에서 뜨거운 탕에 몸을 담근다. 나무바가지로 물을 끼얹으며 절도 있게 몸을 씻고 나와 차가운 병에 담긴 우유를 하나 마신다. 센토에서 나와 집으로 돌아가는 사람들의 반질반질한 얼굴, 그 얼굴에 깃든 표정은 행복 그 자체였다. 핀란드에서도, 일본에서도 목욕탕은 소확행을 주는 개인의 정화 공간이었다.

◦

쿨투리 사우나에서 땀을 내다 보니 우리나라 사우나와 확연히 다른 점을 하나 발견했다. 우리나라 사우나는 대부분 자동 온도조절장치가 있어서 사용자가 임의로 온도를 조절할 수 없다. 반대로, 핀란드식 사우나는 입욕자가 직접 온도를 조절하는 시스템이다. 사우나 공기가 조금 식었다 싶으면 물통에 담긴 물을 국자처럼 생긴 바가지로 퍼서 화로 속 돌 위에 부어 넣는 식이다. 그러면 '좌아악' 하는 경쾌한 소리와 함께 사우나 안이 후끈 달아오른다. 일정 시간이 지나 온도가 또 내려가면 타이밍을 놓치지 않고 물 붓는 일을 반복한다.

이렇다 보니 사우나 한쪽에는 늘 물통과 국자처럼 생긴 물건이 있고, 누군가는 물 붓는 역할을 맡는다. 관찰해 보니 사우나 안에는 암묵적인 규칙이 있는데, 물통과 바가지에 가장 가깝게 앉은 사람이 물 붓기 담당자가 되는 것이다. 물을 붓는 순간 갑자기 온도가 올라가므로 그 전에 반드시 함께 사우나 안에 있는 사람들에게 동의를 구하는 절차가 있다. 그때 하는 질문이 "뢰일리Löyly?"다. 그럼 함께 앉아 있던 사람들이 고개를 끄덕인다. 뢰일리는 사우나에서 돌에 물을 뿌렸을 때 솟아오르는 증기를 가리키는 핀란드어다. 하지만 단어의 원래 뜻은 멋지게도, '생명의 숨결.' 그러니 사우나에서 "뢰일리?"라고 묻는 것은 '네 삶에 숨결을 좀 불어넣어줄까?' 이런 의미다.

핀란드 사우나에서 또 하나 발견한 것은 물 국자다.
철로 만든 국자 부분과 나무로 만든 손잡이, 이 두 가지 부품이 서로 단단하게 맞물린 단순한 모양의 물건이다. 뜨거운 사우나 안에서 하루에도 수백 번 반복되는 물 붓기를 버텨내야 하다 보니, 군더더기나 장식을 최대한 생략하고 정직한 모양으로 디자인되어 있다. 사우나마다 개성 있는 국자가 놓여 있어서 그 디자인을 감상하는 것이 핀란드 사우나의 또 다른 재미였다.

일반화하는 건 아니지만 핀란드인에 관해 한마디 덧붙이자면, 이 사람들 무뚝뚝하기로 유명하다. 웬만해선 감정 표현도 잘 안 하고, 질문을 해도 대답이 짧다. 이런 사람들하고 사우나 안에서 나체로 앉아 있다가 갑자기 대화를 건넨다는 것(예를 들어 행복의 이유를 물어본다거나)은 보통 어려운 일이 아니다. 그런데 "뢰일리?"로 말문을 트고 나면 신기하게도 그 이후 서로의 안부를 묻는 대화가 시작된다. 물 붓는 국자가 대화의 매개체인 것이다.

마침 내가 사우나 안에 있을 때 뢰일리 담당은 우람한 근육을 자랑하는 거구의 사나이였다. 옆에 나란히 앉아 있자니 거인국에 상륙한 소인국 사람이 된 기분이었다. 타이밍이 되어 "뢰일리?"라고 묻길래 고개를 끄덕이고는 슬그머니 대체 뭘 하면 그런 몸을 가질 수 있냐고 물어봤다. 그가 말하길, 프로 핸드볼 선수란다. 그러면서 무뚝뚝한 표정으로 "너도 우리 팀에 들어와, 당장 이렇게 만들어 줄게"라며 농담을 던진다. 무뚝뚝 계열의 사람들이 으레 그렇듯, 말문을 트고 나면 급속히 친해진다. 그는 내일 시즌 우승을 결정짓는 중요한 결승전을 앞두고 사우나에서 긴장을 푸는 중이라고 했다. 몇 번의 뢰일리를 반복한 후, 나는 내일의 우승을 빌어주며 사우나를 나왔다.

핀란드 사우나는 소확행을 위한 개인의 공간이기도 했지만 타인과 가볍고 친밀한 대화, 스몰토크를 할 수 있는 공간이기도 했다. 혼자 여행하다 보면 어떤 날은 종일 다른 사람과 말 한마디 안 섞을 때도 있다. 그렇게 하루를 보내면 저녁쯤에는 입이 근질근질해지는데, 그럴 때 핀란드 사우나가 나에게 소소한 대화의 기회를 줬다. 기다리고 있으면 으레 누군가 "뢰일리?"를 물었고, 그 이후 가벼운 대화가 오고 갔다. 대화가 없더라도 현지 사람들과 눈이라도 마주칠 공간이 숙소 가까이 있다는 사실이 위안을 주었다. 내가 정의하는 핀란드 사우나란, '개인의 정화 공간이자 사람들과 연결되는 교류의 공간'이다.

퇴근 후 혼자서 차가운 맥주를 들이켜는 '고독한 소확행'도 좋지만, 누군가와 유대감을 나누는 '연결의 소확행'도 필요하다. 사우나와 센토는 이 둘을 모두 만족시키는 동네 기반 시설이 아닐까. 우리나라도 목욕탕이 그런 역할을 하던 때가 있었다. 그러나 요즘 들어 동네 목욕탕이 점차 사라지고 그 자리를 대형 찜질방이 차지하면서 이젠 과거 일이 되었지만.

자, 그럼 우리 동네에서 찾을 수 있는 고독과 연결의 소확행 공간은 어디일까? 그 이야기는 다음 글에서.

단골 바가 인생에 미치는 영향

삿포로 바 하루야
망원동 책바

아침부터 내리던 눈이 밤까지 이어졌다. 겨울의 홋카이도를 여행하다 보면 눈이 하늘에서 내리는 게 아니라 산소나 질소처럼 공기의 구성 요소 중 하나가 아닐까 하는 생각마저 든다. 그날도 하루 종일 공중에 눈이 떠돌았다. 그 밤엔 동네 바에 꼭 가고 싶었다. 유명 맛집이나 화려한 술집이 아니라 그저 동네 사람들이 모이는 아늑한 바. 이런 곳에서 푹신한 소파에 몸을 파묻고 현지인이 된 것처럼 하루를 마무리하고 싶었다.

눈발을 헤치며 골목을 걷고 있는데 저 멀리 작은 불빛이 보였다. '바 하루야'라고 적힌 소박한 간판이었는데 자세히 보니 지하 주차장을 개조한 술집이었다. 가파르게 경사진 입구가 살짝 불안했지만, 그동안 갈고닦아온 나의 술집 선구안을 믿고 들어가 보기로 했다. 실내로 첫걸음을 내딛는 순간, 여기가 내가 찾던 바로 그곳이라는 생각이 들었다. 아늑한 노란색 조명 아래 짙고 묵직한 나무 테이블이 놓여 있었고, 사람들이 웅성거리는 가벼운 소음이 기분 좋게 들려왔다.

바 하루야의 모든 것이 완벽했지만 한 잔이 두 잔, 세 잔으로 이어지다 보니 한 가지 불편한 점이 있었다. 나는 일본어를 할 줄 모르고, 바텐더 사장님은 영어를 할 줄 몰라 서로 의사소통이 되지 않았다. 영화 〈사랑도 통역이 되나요?〉의 주인공처럼 낯선 나라에서 대화가 통하지 않아 멍하니 바에 앉아 있는, 외로운 한 남자가 되고 만 것이다. 수염이 덥수룩하고 인상이 푸근한 사장님은 단골들과 어울리지 못하는 내 모습이 안쓰러웠는지 힐끗힐끗 쳐다보기만 했다.

한 잔만 더 마시고 일어서려는데, 한 여성이 어깨에 작은 눈 더미를 얹은 채 들어왔다. 그리고 내 옆에 앉더니 유창한 영어로 대화를 건넸다. 알고 보니 그녀는 뉴욕에서 몇 년 동안 일한 경험이 있어 영어로 대화가 가능했다. 그

분의 통역으로 주변 단골들과도 대화를 나눌 수 있었다. 나중에 알게 된 사실이었지만, 이 손님이 내 옆에 앉은 것은 우연이 아니었다. 그녀는 바 하루야의 오랜 단골인데 집에서 쉬고 있던 중 사장님에게 전화를 받았다고 한다. 여기 일본어를 못하는 손님이 혼자 심심해하는데 좀 와 주세요, 하고. 그 말 한마디에 눈길을 헤치며 달려왔다는 것이다.

황송한 마음에 감사 인사를 건네자 그녀는 별일 아니라는 듯이 말했다. "처음 왔을 때 저도 같은 경험을 했거든요." 그녀는 친구에게 바 하루야를 소개받고 단번에 사랑에 빠졌다고 한다. 일과가 힘들 때면 퇴근 후 한 잔 하는 상상을 하며 힘을 낸다고. "이곳에 오면 사람들의 응원이 있으니까요."

술자리를 마치고 밖으로 나와 보니 여전히 공기 반, 눈 반이었다. 나도 갖고 싶다. 이런 동네 바를. 아니, 바텐더와 단골들까지 통째로 내가 살고 있는 동네로 옮겨와서 밤마다 응원을 받고 싶었다.

◦

브라질의 도시, 쿠리치바의 시장을 지낸 자이메 레르네르Jaime Lerner는 책《도시침술》에서 단골 바의 중요성을 이렇게 요약한다. "바의 카운터는 깔끔한 출발 지점이다. 수영장 레인 끝에서 턴을 하는 동작에 비유하자면, 바에서 기분 좋게 턴을 하여 하루 중 가장 개운한 시간대로 들어가는 셈이다."

자이메 레르네르는 쿠리치바를 생태 도시로 탈바꿈하여 국제적인 찬사를 받은 건축가이자 행정가다. 한 도시의 시장까지 지낸 그가 왜 일개 동네 술집에까지 관심을 두는 것일까? 그는 좋은 도시를 만들기 위한 방법으로 '도시침술'이라는 개념을 고안했다. 도시침술이란 도시의 혈에 해당하는 중요 지역에 특정한 시설을 만들면 도시 전체에 긍정적인 변화를 일으킬 수 있다는 이론이다. 배를 가르는 대수술처럼 도시 전체를 개조할 필요 없이, 적절한 위치에 침 한 방 놓는 것만으로 도시에 활력이 생긴다는 이야기다.

레르네르는 자신의 책에서 도시의 기를 순환시키는 '침술 공간'을 여럿 열거한다. 공원, 광장, 시장 같은 공간과 함께 그가 중요하다고 의미를 부여하는 장소가 바로 단골 바다. '단골 바가 인생에 미치는 영향'이라는 글에 따르면, 단골 바는 시민들이 느끼는 고독을 치유하고 도시에 활력을 불어넣는 효험 좋은 침술이다. 바에서는 함께 먹고 마시는 사람들 사이에 공감하는 분위기가 조성되고, 여기서 맺은 유대감이 바를 넘어 도시 전체로 퍼져나간다는 것이다. 이 책에서 내가 특히 진하게 밑줄을 그은 문장은 이것이다. 바에는 "서로의 단점을 알아차릴 정도로 친하지는 않은 누군가와의 우정"이 있다는 것.

나는 이런 우정을 '중거리 관계'라고 부른다. 여러분이 맺고 있는 인간관계를 종류별로 나누어 보라. 먼저 가족이나 학교 동창 등 가까운 거리의 관계, 즉 단거리 관계가 있다. 서로 사랑하고, 보듬어주고, 매일 밤 서로의 안부를 묻는 사람들이다. 그리고 그 반대편에는 휴대폰 연락처에만 존재하는 원거리 관계가 있다. 명함을 받긴 했는데 누군지 가물가물한 거래처 과장님이 바로 그 원거리 관계인(人)이다.

그런데 가깝거나 너무 먼, 이 두 관계 사이에 중거리 관계인들이 있다. 자주 가는 단골 국숫집 사장님이 그런

분인데, 가게에 들어서면서 반갑게 인사를 건네는 사이지만 이름이나 자세한 개인사는 알지 못하는 사람들이다. 그런데 때론 이렇게 중거리인의 환대가 친구나 가족의 환대보다 나을 때가 있다. 인간관계에서 생기는 대부분의 스트레스는 단거리 혹은 원거리 관계에서 오기 때문이다. 단거리인들은 "결혼은 안 할 거냐, 언제쯤 더 좋은 직장으로 옮길 거냐" 같은 개인사를 집요하게 물어온다. 원거리인 거래처 과장님은 본인의 이익 외에는 인간관계에 하나도, 정말 '1도' 애정이 없다. 이렇게 단거리와 원거리 관계에 둘러싸여 시달리다 보면 중거리인들과 맺는 '쿨한' 관계가 그리워진다.

사회학자 마크 그래노베터Mark Granovetter는 중거리 관계의 장점을 〈The Strength of Weak Ties〉라는 저널 기사에서 '약한 관계의 강한 힘'이라는 명쾌한 말로 정의했다. 약한 관계의 이웃들이란 관계를 맺다가도 부담 없이 끊을 수 있는 사람들이다. 이들은 가족이나 직장 동료와는 달리 다양한 계층의 사람들로 폭넓게 구성되어 있으므로, 새로운 직장을 소개받거나 동네 정보가 필요할 때 더 강한 영향력을 발휘할 수 있다는 것이다. 매일 아침 가볍게 대화할 수 있는 동네 바리스타를 알고 지내는 게 만나면 3시간쯤 수다 떨 수 있는 단짝 친구를 두는 일만큼 인생에 중요하다는 말이다. 문제는 이런 중거리 관계를 맺는 것이 쉬운 일이 아니라는 데 있다. 같은 층에 사는 옆집 아저씨와 눈 마주치며 매일매일 가벼운 인사를 주고받는다고 상상해보라. 생각만 해도 부담스럽지 않은가? 요즘 같은 흉흉한 세상에서는 더더욱.

그래서 중거리 관계를 맺으려면 그에 적합한 공간이 필요하다. 공감할 수 있는 공통항을 가진 사람들이 뚜렷한 이해관계 없이 모이는 공간. 그리고 바 하루야의 사장님처럼 이런 관계를 중개해주는 중재자가 있을 것. 그래야 가능한 게 중거리 관계다.

마음에 드는 단골 바를 찾는 것은 나의 오랜 숙원 사업이었다. '중거리 관계를 맺을 수 있는 동네 바를 하나 찾아서 단골손님이 되자.' 이런 생각으로 꽤 오랜 기간 동네를 헤매고 다니다가 드디어 찾아낸 곳이 서울 망원동의 '책바'다. 책바는 내가 동네 바를 고르는 까다로운 조건을 모두 통과했다.

첫째, 직장이나 집 근처에 있을 것. 일부러 찾아가야 하는 위치라면 가는 시간이 아까워서라도 그 공간에서 일어날 특별한 일을 기대하게 된다. 출퇴근이라는 매일의 진자 운동 궤적 위, 어느 한 지점에 바가 위치해 있어야 일상에 지친 나에게 평범한 위로를 줄 수 있다. 책바는 사무실에서 불과 10분 거리에 있으니, 통과.

둘째, 공간의 분위기. 동네 바를 고를 때 경계해야 할 점은 너무 특별한 공간을 찾아서는 안 된다는 것이다. 들어서자마자 "음, 여기 좋은데" 정도의 생각이 드는 걸로 족하지, "와, 멋있어"라며 눈이 휘둥그레지면 안 된다. 언제 가도 질리지 않는 친근함이 단골 바의 생명이니 말이다. 공간이 좋다기보다는 특유의 공기가 좋은 곳. 책바는 부드럽고 겸손한 공기가 감도는 곳이라 이 점에서도 통과.

셋째, 주인이 바 뒤에 서 있어야 한다. 아르바이트 직원이 맞이해주는 것은 미안하지만 사양한다. 바란 언제 가든 아는 얼굴을 만날 수 있다는 든든함이 중요하기 때문이다. 책바의 경우, 사장님이 조금 잘생겼다. 그래서 내 입장에선 대단한 유대감이 형성되진 않았지만 대화해보니 신뢰감이 가는 남자라, 통과.

그리고 단골 바의 가장 중요한 조건은 소속감이다. 책 바의 특별한 점은 콘셉트다. 이름 그대로 책 읽으며 술 마시는 바다. 가게로 들어서면 손님 대부분이 묵묵히 책을 읽으며 술을 홀짝이고 있다. 독서를 좋아하는 사람이라면 독서를 좋아하는 사람에게 호감이 가는 법. 독서 애호가라는 연결고리 하나로 이곳에 있는 사람들 사이에 유대감과 소속감이 생긴다. 굳이 말을 걸 필요도 없다. 침묵의 공유를 통해 하나가 된다. 어떻게 손님들 사이에 조용한 유대감을 만들어내는가가 '바'라는 업종의 최대 과제인데, 책바는 술과 책이라는 환상의 연결고리를 찾아낸 것이다.

바 하루야에서도 확인했지만, 바를 꾸미는 최고의 인테리어 재료는 단골손님이다. 나 여기 소속이야, 여기가 내 홈그라운드야, 라고 소속감을 느끼는 레귤러 선수들이 포진하고 있어야 공간에 안정감이 생긴다. 유행하는 바라는 소문을 듣고 한번 와본 뜨내기만 넘치면 차분함을 잃기 마련이다.

바는 콘셉트, 주인, 공간으로 특정한 신호를 내보내고 그 신호에 이끌려 비슷한 부류의 사람들이 모여드는 곳이다. 비슷한 사람들과 한 공간에 있다는 소속감. 그것은 학

밤의 홈그라운드.
비밀방
책바, 망원동

교, 회사, 가족처럼 어쩔 수 없이 형성된 소속감이 아니다. 비슷한 것을 좋아하는 사람들끼리 자발적으로 한곳에 모여 있다는 건강한 소속감. 이를 느낄 수 있는 공간을 동네에 하나 가지고 있는 것. 이것이 동네 바가 인생에 미치는 영향이다.

새들이 일정한 간격으로 전깃줄에 앉는 이유는 이륙할 때 서로의 날갯짓을 방해하는 난기류를 일으키지 않도록 하기 위함이다. 그렇다고 너무 멀리 떨어져 앉지도 않는데, 그 이유는 특정한 한 마리가 포식자에게 노출될 위험이 있기 때문이다. 새들은 본능적으로 멀지도 가깝지도 않은 중거리 관계가 서로의 생존을 돕는 데 유리하다는 것을 알고 있다.

인간도 마찬가지다. 그래서 나는 여행을 떠나면 아늑해 보이는 동네에 숙소를 정하고, 해가 지면 상쾌한 플립턴을 할 수 있는 바를 찾아 동네를 어슬렁거린다.

음주독서, 망원동 책바

완벽한 독서를 위한 창가 자리

엑서터 도서관
연희동 투어스비긴

빌 게이츠는 1년에 2번, 휴가를 내서 책을 한 보따리 싸 들고 혼자만의 독서실로 들어간다. 언론을 통해 잘 알려진 빌 게이츠의 '싱크 위크Think Week', 즉 생각 주간이다. 그는 일주일 동안 외부와 연락도 끊고 온전히 독서와 사색에만 몰두하는 시간을 보낸다. 언젠가 사진으로 본 적이 있다. 세계에서 가장 부유한 이 남자의 개인 독서실은 의외로 작고 검소한 오두막이었다. 하지만 진정한 럭셔리는 창밖에 있었다. 책상에 앉으면 눈앞에 있는 창을 통해 광활한 호수의 전경이 보인다. 부럽다. 저 일주일, 저 오두막, 저 창가 자리가.

빌 게이츠의 오두막은 독서라는 행위에서 공간이 얼

마나 중요한 역할을 하는지를 보여준다. 빌 게이츠가 설마 집에 개인 서재가 없겠냐. 그 좋은 집 놔두고 작은 오두막으로 들어간다는 건 독서에 몰입하기 위해서는 특별한 공간이 필요하다는 증거다. 애초에 독서라는 행위가 책을 통해 어딘가 다른 세계로 들어가는 것이지 않은가. 다른 세계로 순간 이동하려면 현실에서의 방해 요소가 없어야 한다. 그런데 빌 게이츠의 오두막을 보면 딱 한 가지 방해 요소는 필요하다는 사실을 알 수 있다. 앞서 말한 저 창문의 경치. 눈을 들면 잠시 책의 세계에서 빠져나올 수 있는 근사한 방해물 말이다.

⭘

내가 앉아본 독서를 위한 가장 완벽한 자리는 미국 뉴햄프셔주의 한 고등학교 도서관에 있다. 건축가 루이스 칸이 설계한 '엑서터 도서관'이다. 도서관에 들어서면 높고 거대한 공간을 16만 권의 장서가 꽂힌 책꽂이가 둘러싸고 있다. 마치 책이라는 웅장한 우주를 형상화한 것 같은 이 공간에서 16만 권의 행성 사이를 유영하다가 드디어 나를 위한 책 한 권을 발견한다. 그리고 이 한 권을 꺼내 들고 창가에 있는 책상으로 간다.

공간은 우주처럼 웅장하게 만들었지만, 독서를 위한 자리만큼은 인간적이고 섬세하게 디자인되어 있다. 책상에 앉으면 옆으로 2개의 창문이 보인다. 하나는 머리 위로 난 큰 창문이고, 하나는 책상 옆 눈높이에 있는 작은 창문이다. 두 창문은 역할이 다른데, 머리 위 창문은 빛을 실내로 들여와 책을 밝혀주는 조명 역할을 한다. 반면 눈높이 창문으로는 빌 게이츠의 창문처럼 독서하는 중간중간 바깥 경치를 바라볼 수 있다. 창문을 통해 밖을 내다보면 학교 캠퍼스가 보인다.

그런데 루이스 칸은 여기에 한 가지 장치를 더 했다. 눈높이 창문 위에 열고 닫을 수 있는 목재 덧창을 달아둔 것이다. 경치를 보라고 만든 창에 일부러 경치를 가리는 덧창을 달다니, 무슨 생각이었을까? 물론 눈높이 창으로 들어오는 강한 햇빛을 막을 수 있다는 점도 한 가지 이유겠지만, 직접 앉아서 잠시 책을 읽어보니 조금 다른 생각이 들었다. 이곳은 고등학생들을 위한 도서관이다. 혹시 루이스 칸은 시험을 앞두고 창밖을 잠시 쳐다볼 여유조차 없는 고등학생들을 염두에 둔 것이 아닐까? 당장 내일이 시험인데 창밖에 벚꽃이 활짝 피어 있다면 너무 괴로우니

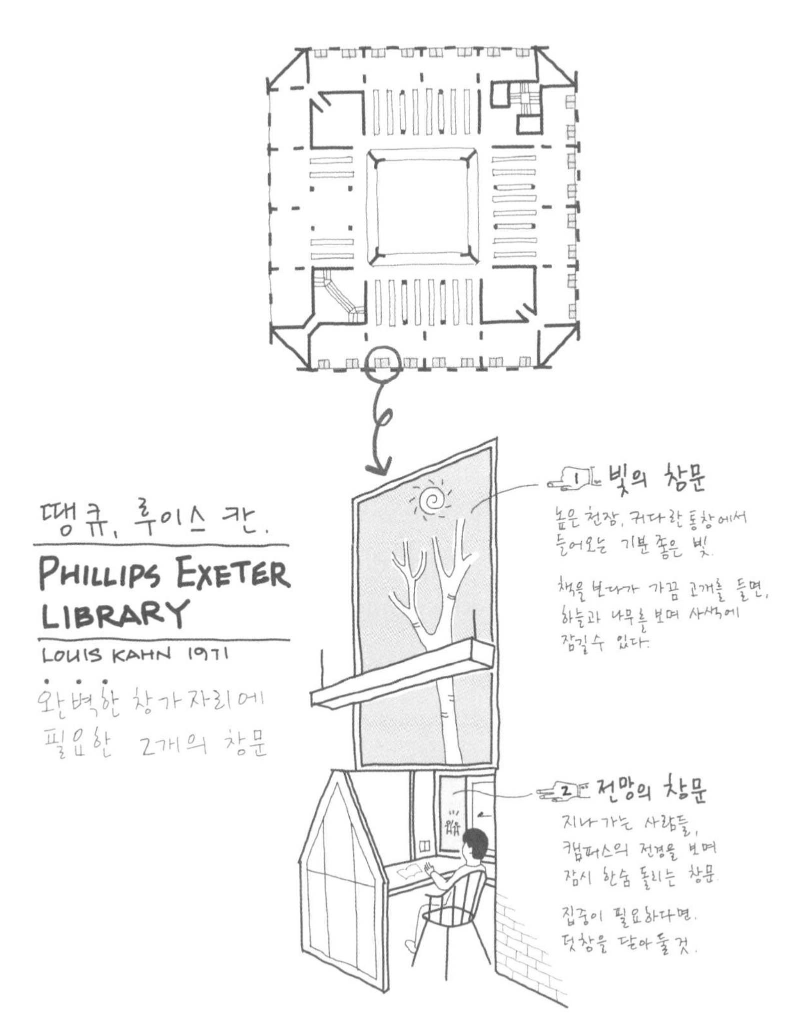
땡큐, 루이스 칸.
PHILLIPS EXETER LIBRARY
LOUIS KAHN 1971
완벽한 창가 자리에
필요한 2개의 창문
1 빛의 창문
높은 천장, 커다란 통창에서
들어오는 기분 좋은 빛.
책을 보다가 가끔 고개를 들면,
하늘과 나무를 보며 사색에
잠길수 있다.
2 전망의 창문
지나가는 사람들,
캠퍼스의 전경을 보며
잠시 한숨 돌리는 창문.
집중이 필요하다면,
덧창을 닫아둘 것.

까. 혹시 마음에 담아두었던 이성 친구라도 지나가면 가슴이 설렐 테니까. 집중 모드와 한눈팔기 모드를 스스로 조절할 수 있는 창문. 창문을 열고 닫음에 따라 책상, 그 작은 공간의 분위기가 바뀐다. 목재 덧창에는 자신을 향한 집중과 외부 세계로의 연결을 스스로 선택하게 하는 건축가의 의도가 담겨 있다.

◦

빌 게이츠와 엑서터 고등학생들을 부러워만 할 게 아니라, 나를 위한 싱크 위크 공간을 하나 찾기로 했다. 싱크 위크 공간이 갖추어야 할 가장 중요한 조건은 하루 종일 책을 열 권쯤 쌓아놓고 봐도 눈치 보이지 않을 것. 그 점에서 영업장인 카페는 탈락. 앞서 소개한 '책바'도 마찬가지다. 그러다 생각난 장소가 팬데믹 이후 곳곳에 생기고 있는 워케이션Workcation 공간이었다. 경치 좋은 곳에서 일도 하고 산책도 할 수 있다니, 이처럼 싱크 위크에 적합한 공간이 어디 있겠는가.

강원도 고성에 위치한 워케이션, 맹그로브로 갔다. 들어서는 순간 '여기다!' 싶었다. 독서하기 좋은 소파와 책상이 놓여 있고, 커다란 창으로 동해의 고요한 바다가 보였다. 이 경치만으로도 합격이었다. 책을 보다 지루해지면 고개를 들어 창밖을 바라봤다. 파도가 모래사장으로 밀려왔다가 다시 먼 바다로 나가는 침착한 리듬을 누리다가 다시 페이지를 넘기는 리듬으로 돌아오길 반복했다. 자, 좋은 공간까지 찾았으니 나도 1년에 2번, 바다를 보며 싱크 위크를 해야지. 미리 스케줄도 정해두었다. 그래서 어떻게 되었느냐고? 네…, 그 이후로 한 번도 안 갔습니다. 말이 쉬워 싱크 위크지, 생각만을 위해 동해안까지 간다는 건 결코 쉬운 일이 아니었다. (생각해보니 빌 게이츠는 전용 제트기가 데려다주지 않나!)

내게 필요한 것은 싱크 위크가 아니라 싱크 데이였다. 아니, 싱크 반차로도 족하다. 나에게는 어느 오후에 책을 몇 권 싸 들고 쓱 들어가서 생각에 빠질 수 있는 공간이 필요한 거였다. 결국 동해안이 아니라 가까운 동네의 장소를 찾아내야 했다.

연희동으로 산책하러 나갔다가 우연히 '투어스비긴'이라는 코워킹 스페이스를 발견했다. 첫눈엔 그다지 특별할 게 없어 보였다. 의자 다리에는 소리를 줄이기 위한 테니스공이 꽂혀 있고, 책상 종류도 쿠션 색깔도 제각각이었다. 누군가가 사는 평범한 거실에 방문한 느낌이었다. 창밖 풍경도 연희동 주택의 지붕이 보이는 정도. 그런데 이상하게도 이곳에서 책을 읽다 보면 반나절이 후딱 지나갔다. 집중이 잘되고 마음도 편했다. 아무리 봐도 평범한 공간인데, 몰입하게 해주는 특별한 비밀이 있는 게 분명했다. 마침 그 자리에 사장님이 있길래 말을 걸어 봤다.

투어스비긴은 부부가 함께 운영하는 곳이다. 두 분은 자리에 앉았을 때 편안하고 집중하는 분위기를 만들기 위해 국내에 안 가본 도서관이 없다고 했다. 왜, 어떤 자리에 앉으면 유난히 공부가 잘되고 어떤 자리는 산만해지지 않나. 부부는 그 이유를 열심히 연구했고 거기서 얻은 경험을 바탕으로 책상 배치를 수없이 바꿔가며 실험했다.

그렇게 발견한 핵심 비밀은 '시선의 아슬아슬한 차단'이었다. 자리에 앉았을 때 옆 사람과의 시선이 닿을 듯 말 듯, 아슬아슬한 선에서 막아주는 것이다. 칸막이로 서로의 시선을 완전히 차단하는 대신 책을 쌓아놓거나 화분을 둬서 슬그머니 가로막는다. 이렇게 하면 고개를 숙였을 때 주변 사물에 둘러싸여 있는 것 같은, 마치 작은 방에 들어온 것 같은 안정감이 생긴다. 그러다가 지겨울 때는 약간만 몸을 뒤로 기울여서 주변 사람들을 바라본다. 마치 루이스 칸의 덧창처럼, 주변과의 연결을 온오프 할 수 있는 좌석이 된 것이다.

◆

우리는 종종 활동을 성취로 착각하고 산다. '오늘 하루 정말 열심히 일했어'라고 자신을 칭찬하며 하루하루 잘 살았는데, 한참 지나고 나면 '정작 이 일을 왜 했을까?' 싶어지면서 큰 생각을 놓치고 살았다는 사실을 깨닫는다. 일상적인 활동에 브레이크를 걸고, 인생에서 더 가치 있는 성취를 위해 운전대의 방향을 조정하는 시간. 단순히 쌓아두었던 책을 읽는 것이 아니라 책이라는 우주에서 자신만의 항로를 그려보는 시간. 우리에게는 이런 시간이 필요하다. 세상에서 제일 바쁜 사람일 빌 게이츠가 모든 일을 멈추고 싱크 위크를 다녀오는 것도 그 때문이리라.

투어스비긴에 앉아 인생의 항로를 그려보고 있는데, 마침 한 여고생이 들어오다가 "어, 내 자리를 누가 차지했네"라며 작게 탄식하는 소리가 들렸다. 늘 오는 단골손님들은 자신이 애착을 느끼는 '내 자리'가 있다. 여고생이랑 경쟁할 일은 아니지만, 나도 고르고 골라 이 자리가 딱 내 자리다 싶었는데.

엑서터 도서관

정원, 식물, 감정의 편집술

교토 료안지
제주 정원 베케
서교동 마덜스 가든

'정원이 꼭 아름다울 필요는 없다.' 교토의 정원 '료안지'에서 이 사실을 깨닫게 됐다. 잘 알려져 있다시피 이 정원은 돌의 정원으로 유명하다. 꽃 한 송이, 나무 한 그루 없는 텅 빈 마당에 자갈과 바위 몇 개를 둔 게 정원의 전부다. 초록이 가득하리라는 일반적인 상식을 뒤엎은 것인데, 쉽게 말하자면 식물이 아닌 광물이 주인공인 광물 정원이다.

돌의 정원 앞, 마루에 앉아 오랜 시간 정원을 바라봤다. 식물 정원이 주는 생명력과는 달리 광물 정원에서는 공허함, 인생의 무상함 같은 쓸쓸한 감정이 앞섰다. 그렇다고 그 쓸쓸함이 꼭 부정적인 것만은 아니다. 마치 비극적인 소설을 읽고 카타르시스를 느끼는 것처럼 감정의 먼지를 털어내주는 느낌이랄까.

광물 정원도 그럴싸한 정원이 될 수 있음을 알게 되고 내 주변을 둘러보니 우리 동네에도 광물 정원이 있었다. 앞에서 소개한 나의 단골 카페, 서교동 '앤트러사이트'인데, 마당에는 채석장에서 막 캐낸 듯한 거친 돌이 쌓여 있다. 창문으로 이 정원을 보고 있으면 돌이 가진 강인함, 원초적인 힘이 그대로 전해진다. 이럴 때 보면 감정은 우리 마음속에서 자연스럽게 일어나는 게 아니다. 지식과 경험을 쌓아야 느낄 수 있는 것이다.

자연에는 아름다움을 넘어서는 속성도 있다. 북유럽의 자작나무 숲은 장엄한 고독을, 제주의 비자림은 원시의 생명력을 품고 있다. 그러니 우리가 만드는 정원도 반드시 아름다움이라는 감정만 가져올 필요는 없다. 단순함과 검소함, 장엄함과 모험심 같은 특정한 인간의 감정을 불러일으키도록 만들 수 있다. 조경이란 자연에 내재한 특정한 감정을 인간의 거처로 옮겨 심는 기술, 즉 '감정의 편집술'이다.

최근에는 온실을 테마로 한 카페나 열대 식물원처럼 식물을 주인공으로 내세우는 공간이 유행이다. 이런 곳을 다니다 보니 나도 내 공간에 식물을 두고 싶어졌다. 마당 있는 집에 내 정원도 꾸미고 싶었다. 좋은 물건을 보면 물욕이 생기듯, 좋은 공간을 다니다 보면 공간욕이 생기기 마련이다.

그런데 실은 (약간 부정하고 싶지만) 나는 이미 정원을 하나 가지고 있다. 우리 집 베란다 말이다. 문제는 정원이라고 부르기에는 좀 창피하다는 데 있는데, 들여다보면 감정은커녕 맥락조차 없기 때문이다. 사무실 개업식 때 받은 행운목, 미세 먼지로 괴로워하던 어느 날 충동 구매한 산세비에리아, 어머니가 선물로 받아 온 난초…. 편집술이라고는 찾아볼 수 없는 계통 없는 정원이다. 식물에게는 미안한 일이지만 이 화분들을 싹 치우고 하나하나 다시 편집하고 싶다. 그리고 이왕이면 뻔한 정원보다는 료안지처럼 감정의 편집술을 발휘한 정원을 가지고 싶다. 내 집 정원에는 어떤 감정을 들여올 수 있을까?

◦

료안지처럼 일반적인 정원에서 보지 못한 신선한 감정을 편집해온 정원이 또 하나 있다. 제주도의 정원 '베케'는 하찮고 연약한 것을 재발견하는 정원이다. 이 정원의 주인공은 현무암과 이끼다. 제주에 흔하디 흔한 돌, 현무암. 그리고 고온다습한 기후 덕택에 돌 틈에서 흔히 볼 수 있는 이끼를 정원의 주인공으로 삼았다. 이 정원에서만큼은 키 크고 멋진 나무가 주인공이 아니다. 이끼와 돌이라는 주인공을 호위하는 조연 배우일 뿐이다.

조선시대 선비들은 정원에 매화 심기를 유난히 좋아했다. 차가운 눈을 맞으며 꼿꼿하게 고개를 들고 있는 매화에서 뜻을 굽히지 않는 자신의 모습을 보았기 때문이다. 자수성가한 부자들은 마당에 소나무 심는 것을 좋아한다. 구불구불 힘겹게 성장한 소나무에 역경을 헤쳐온 자신의 삶을 겹쳐보기 때문이다.

베케, 조선시대 선비, 부자가 택한 자연의 편집술이란 자연이 품고 있는 덕목 중에서 자신이 공감하는 점 하나를 강조하는 일이다. 내가 공감하고 감정이입할 수 있는 식물을 하나 정한 것이다. 영화감독 봉준호에게 배우 송강호가 있는 것처럼, 쿠엔틴 타란티노에게 우마 서먼이 있는 것처럼, 나를 상징하는 '뮤즈 식물'을 찾아 내 공간에 출연시키는 것이다.

정원이 감정의 편집술이라면, 그 감정을 가장 잘 연기할 수 있는 배우를 캐스팅하는 데서 정원의 설계가 시작된다. 배우를 고른 후에는 연기할 무대를 만들어주어야 한다. 베케에서 정원의 주인공인 이끼를 가장 가깝게 만날 수 있는 무대는 정원 한쪽에 마련된 카페다. 이 카페는 독특한 점이 하나 있는데, 바닥을 땅 밑으로 내려서 테이블에 앉은 사람들의 눈높이와 창밖의 지면이 비슷한 높이가 되도록 만든 것이다. 건물을 짓고 그에 맞춰 조경한 게 아니라, 땅 위를 기어다니는 이끼류의 높이에 맞춰 공간을 지었다.

커피를 한 잔 주문하고 테이블에 앉자 창문 앞의 고사리와 눈이 맞았다. 이 순간 나는 한 마리 풀벌레가 되어 고사리 잎의 촉촉한 솜털, 달팽이처럼 말아 올린 줄기의 섬세한 디테일을 감상하고 있었다. 바라보다 보니 제주도의 그 흔한 바람에 어울리는 식물은 이렇게 잎이 많고 연약한 종류라는 사실을 알게 되었다. 정원을 채운 가느다

발밑을 봐!
제주 정원 베케
발밑에 있던 것들이
주인공이 되는 순간

란 식물들은 돌담 틈으로 조금만 바람이 들어와도 흔들흔들, 수군수군, 정원에 초록빛 파도를 일으켰다. 베케 정원은 자신의 뮤즈 식물을 통해 주변에 널린 작고 흔한 것들을 다시 들여다보라고 권한다. 어딘가 먼 이국에서 공수해온 기기묘묘한 열대 식물로 정원을 꾸밀 것이 아니라 내가 사는 곳의 풍토에 맞는 식물을 귀히 여기고 가꾸어보라고 추천한다.

말은 쉬운데… 우리 집 베란다를 뮤즈 식물로 꾸며볼까 했더니 당장 내 뮤즈 식물을 뭐로 할지부터가 고민이었다. 생각을 거듭하다 보니 산책길에 잠시 들러 구경하는 동네 식물 가게가 떠올랐다. 서교동의 '마덜스 가든'이다. (Mother's에서 r 발음을 강조한 것이 귀여운 포인트!) 눈주름이 미소에 맞춰 고정된 사장님, 그가 운영하는 이 가게의 뮤즈 식물은 분재다. 유리로 만든 온실 안에 수백 개의 꼬마 분재들이 나란히 놓여 있다. 손바닥 위에 올려놓고 자세히 들여다보면 작은 화분 안에 거대한 느티나무와 아마존 밀림이 들어 있다. 잘 다듬어진 분재는 그 작은 몸 안에 거목이 갖출 법한 위엄과 당당함을 품고 있다. 분재를 들여다보며 거목을 상상하다 보면 깊은 숲에 다녀온 듯 마음이 정화된다.

독일 출신의 전설적인 디자이너 디터 람스를 소개한 다큐멘터리를 본 적이 있는데, 그는 자택에 수많은 분재를 키우고 있었다. 시간이 날 때마다 가위를 들고 가지를 자르고 잎을 다듬는다. 그의 디자인 철학을 한마디로 요약하면 '레스 이즈 모어Less Is More'. 대상의 가장 중요한 핵심만 남기는 최소한의 디자인인데, 그가 매만지는 분재도 그의 철학과 같다. 나무의 특성을 인지할 수 있는 최소한의 형태가 남을 때까지, 빼고 또 빼내는 마이너스 디자인이 분재다. 가위로 가지를 쳐내서 형태를 압축해가는 과정은 그의 명작, 브라운Braun의 오디오를 디자인하는 과정과 동일하다. 매일매일 정원을 가꾸며 그는 '레스 이즈 모어'를 되뇌었을 것이다.

식물은 인간의 공간으로 들어오는 순간, 생존을 위해 인간의 손길이 필요해진다. 그렇다면 정원은 바라보는 것이 전부가 아닐지도 모른다. 눈 속에 핀 매화에 감정이입을 하는 것만으로 충분하지 않다. 가위를 들고 세심하게 돌보는 과정에서 식물로부터 얻는 교훈과 위안. 그것이 우리가 식물 집사를 자처하여 얻게 되는 정원의 미덕이다. 내가 물을 주고, 내가 잎사귀를 닦아주는데, 위로의 혜택을 받는 것은 오히려 돌보는 쪽이다. 인간과 식물의 상호작용, 그 행동을 불러일으키는 '돌봄의 정원'이 우리 집에 들여야 할 정원이다.

마덜스 가든에서 분재 몇 개를 데려와 책상에 올려두었다. 수많은 분재 중 하나를 고른 나만의 기준은 이렇다. 평범한 외모의 식물인데 인간의 손을 탔더니 당당하고 잘생긴 나무로 거듭나는 식물들. 청짜보라는 식물이 있는데 더벅머리 청년처럼 수더분하게 생겼다. 작은 화분에 부드러운 이끼를 깔고 그 위에 청짜보를 심은 후 커트를 해주면, 어느덧 더벅머리 청년은 준수한 청년으로 거듭난다. 평범하지만 인간의 돌봄을 통해 아름다워지는 생명. 이것이 내가 고른 뮤즈 식물이다. 흠, 우리 집 베란다를 다시 들여다보니 '이 계통 없는 평범한 정원도 내 손길을 기다리고 있었겠구나…' 하는 생각이 든다.

료안지의 돌맹이↑, 베케의 고사리→

돌봄을 받아 정원이 된 자연

주인을 담은 공간에 우리를 두면 우리는 잠시
타인의 시간을, 타인의 삶을 살아보게 된다.
그런 하루를 경험한 후 내 생활로 돌아오면 내 공간도,
내 시간도 이와 같이 바꾸어놓고 싶다는 자극을 받는다.

내 공간의
목소리를 찾다

거장 건축가의 핑크 하우스

리처드 로저스의 런던 자택

초대를 받아 방문한 집에 첫발을 들이는 순간, 기대는 어긋나지 않았다. 현관에서 우리를 기다리고 있는 것은 복싱 샌드백이었다. 현관의 높은 천장, 그 한가운데 핑크색 샌드백 하나가 손님을 맞이하는 집사처럼 걸려 있다. 예상치 못한 물건의 등장에 나와 함께 초대된 손님들은 의아한 얼굴로 서로를 쳐다봤지만, 금세 웃으며 샌드백에 주먹 한 방씩을 날리고 집으로 입장했다.

건축가 리처드 로저스Richard Rogers의 집에 초대받았다. 맞다. 건축가에게 주어지는 최고의 영예인 프리츠커상을 수상한 거장 리처드 로저스의 집에, 그것도 무려 저녁식사를 하러 온 것이다. 당시 나는 예일대학교 대학원에 다니는 학생이었는데 설계 교수였던 리처드 로저스가 자신의 런던 자택에서 학생들을 위한 파티를 열었다. 건축가가 설계한 명작 주택을 견학하는 일은 종종 있지만, 건축가 본인이 살고 있는 집을 방문하는 일은 흔치 않았다. 게다가 집주인과 함께 생생하게 그 공간을 사용할 기회라니, 우리 모두 얼마나 흥분했겠는가. 대중을 위해 명작 공간을 설계해온 거장, 과연 자신의 집은 어떻게 꾸며놓고 살고 있을까?

◎

세상에는 우리에게 여러 감정을 불러일으키는 좋은 공간이 많다. 하지만 매번 공간을 찾아 여행할 수는 없으니 내 주변에서 그에 상응하는 공간을 찾아보자는 게 이 책을 쓰게 된 이유라고 앞서 이야기했다. 이런 좋은 공간에 나를 두다 보면 결국 나의 집에 시선이 향하게 된다. 좋은 공간을 경험하며 눈이 높아지면 내 집에도 슬슬 욕심이 나기 시작한다. 어떻게 꾸며야 내 집을 잘 꾸미는 것일까? 책과 인터넷을 찾아보면 조언은 한결같다. '공간에 자신의 취향을 담아라.' '나를 닮은 집에 살아라.' 집을 자기표현의 공간으로 삼으라는 것은 반박의 여지가 없는 훌륭한 조언이다. '변덕스러운 유행에 휩쓸리지 말고, 내 집만큼은 나

답게 꾸며라. 그래야 집이 진정한 휴식과 위로의 공간이 될 수 있다.'

그런데 이것처럼 어려운 일이 없다. 대체 나다운 공간이란 뭘까? 나다운 공간을 꾸몄다며 인터넷 기사에 실린 어느 디자이너는 아르네 야콥센Arne Jacobsen이 디자인한 의자에 앉아 자신의 취향을 자랑하고 있었다. 그런데 우리가 1950년대를 사는 덴마크인도 아니고, 이게 과연 나다운 것이라 할 수 있을까? 나를 닮은 집에서 살기. 이 고민을 해결해줄 좋은 본보기가 여기 있다. 나다움이 철철 넘쳐나는 리처드 로저스의 집을 구경하면서 거장의 집 꾸미기 노하우를 배워보자.

◦

리처드 로저스의 자택은 런던의 조용한 주택가에 있다. 겉으로 보기엔 집이 너무 평범해서 제대로 찾아왔나 싶었지만, 알고 보니 로저스는 오래된 주택의 내부만 개조해서 살고 있었다. 이쯤에서 약간 배신감이 드는 점은 우주선이 착륙한 것처럼 독특한 건물을 설계하는 유명 건축가 중에 의외로 자기 집은 손수 짓지 않고 평범하게 생긴 건물에 사는 경우가 많다는 것이다. 작품으로서의 건축과 생활로서의 건축, 이 둘은 다르다는 사실을 몸소 증명하는 것 같다.

집 구경 전에, 집주인을 알아보자. 리처드 로저스, 그를 대표하는 건축 작품이라면 동료들과 함께 설계한 프랑스 파리의 '퐁피두 센터'가 있다. 1977년 퐁피두 센터가 문을 열자 파리는 충격에 빠졌다. 건물의 외관이 너무나 기괴했기 때문이다. 건물 내부에 있어야 할 에스컬레이터와 설비 파이프가 밖으로 드러나 있는데, 마치 실수로 옷을 뒤집어 입는 바람에 안쪽에 달린 주머니가 밖으로 늘어진 듯한 형국이었다. 현관의 샌드백만큼이나 생뚱맞은 건물이 고풍스러운 파리 한복판에 들어선 것이다. 수준 높은 파리지앵들은 이 기괴한 건물을 싫어했다. 한 저명한 미술품 수집가는 여기에 자기 작품을 거느니 차라리 불태우고 말겠다며 치를 떨었다. 이런 소동 속에 퐁피두 센터가 문을 열었다. 그리고 퐁피두 센터에는 그해에만 700만 명의 관람객이 다녀갔다. 이것은 에펠탑 방문객보다 많은 수였고, 지금은 전 세계가 사랑하는 파리의 상징물 중 하나가 되었다.

왜 건축가는 논란을 무릅쓰고 이렇게 기괴한 건물을

지었을까? 유럽의 미술관 하면 떠오르는 이미지를 생각해보라. 그리스 신화에 나오는 주인공을 형상화한 대리석 조각품, 우아한 식물 문양으로 꾸민 입구가 떠오른다. 까불면 혼날 것 같은 고상한 분위기다. 반면 로저스는 미술관이 일부 귀족들의 전유물이던 시절을 지나 일반 대중을 위한 장소가 되었다고 생각했다. 그 변화에 발맞추려면 건물의 얼굴부터 바꿔야 했다. 과거의 유물로 공간을 꾸미는 대신, 지금 이 시대를 대표하는 장식물을 외관에 보여주고자 했다.

그가 생각한 우리 시대의 대표 장식은 기계 장치다. 우리는 비행기, 배, 자동차가 움직이는 기계의 시대에 살고 있으니 말이다. 그래서 그는 건물의 기계 장치, 즉 그동안 건물 안쪽에 숨겨져 있던 엘리베이터, 에스컬레이터, 설비 파이프들을 밖으로 끄집어낸 것이다.

베르사유 궁전 같은 전통적인 공공 기념물의 형식과 의미에 도전하는 이러한 태도를 '반(反) 기념물주의'라고 한다. 로저스는 자신이 설계한 그 건물을 반 기념물로 디자인하고, 그 앞에 광장을 두었다. 광장은 완만한 경사로 만들어 쉽게 바닥에 앉을 수 있게 했다. 실제로 이 광장에 가

보면 바닥에 앉아 점심으로 바게트를 먹으며 건물을 바라보는 사람, 아예 쭉 뻗고 누워 있는 사람이 즐비하다. 대중의 궁전과 광장을 지어서 베르사유 궁전과 맞대결을 하겠다는 엉뚱한 반항아 같은 건축가, 그가 리처드 로저스다.

반항아 건축가가 자신의 현관에 핑크색 샌드백을 매달아 둔 데는 나름의 이유가 있을 것이다. 샌드백에 펀치를 한 방 먹이고 집으로 들어서던 나는 이런 생각이 들었다. '밖에서 있었던 나쁜 일은 펀치 한 방으로 잊어버려.' 퇴근 후 지친 나에게 샌드백이 보내는 위로다. 출근할 때는 반대로 샌드백 앞에서 '쉭쉭' 섀도복싱을 한다. '인생은 링 위의 한판 승부야! 파이팅!' 하고 샌드백에게 격려도 받는다.

진짜 의미가 무엇이든 이 거장의 집이 주는 첫인상은 누구나 상상하는 독특한 공간, 근사한 인테리어에서 벗어나 있었다. 로저스는 체육관에 있는 매우 평범하고 일상적인 물체를 현관으로 옮겨와서 (물론 핑크색 샌드백이 평범하기만 한 것은 아니지만) 누구나 한 번쯤 의미를 궁금해할 상징물을 만드는 방법으로 집을 꾸몄다. 샌드백이 체육관이라는 일반적인 맥락에서 벗어나 집의 현관으로 이동하자 이 '탈맥락 물체'는 위로와 격려 같은 의외의 메시지를 건네게 되었다. 마르셀 뒤샹이 화장실 변기를 미술관에 옮겨두자 '샘'이 된 것처럼.

탈맥락 물체가 가진 더 중요한 역할이 있다. 거장의 초대로 긴장한 손님들이 입구에서부터 마음을 풀고 한차례 웃을 수 있었다는 점이다. 괜히 건드리면 망가질 것 같아 사람을 주눅 들게 하는 그리스 조각품이나 덴마크산 빈티지 가구가 아니라, 주먹으로 툭툭 치고 지나갈 수 있는 샌드백을 현관에 둠으로써 집주인은 방문객들에게 친근한 첫인사를 건넨 것이다.

샌드백 현관을 지나 몇 계단을 오르면 넓은 거실이 등장한다. 천장이 높고 넉넉한 이 공간을 기분 좋은 빛이 가득 채우고 있다. 한쪽에는 퐁피두 센터 외관에 달려 있을 듯한 멋진 금속 계단이 2층으로 이어진다. 그런데 그 외에는 특별한 게 없다. 공간 크기에 비해 소파 같은 가구도 몇 점 없다. 나중에 알게 된 사실이지만, 리처드 로저스는 이 거실을 이탈리아의 광장을 가리키는 단어인 '피아차

Piazza'라 부른다고 한다. 집 안의 거실을 광장이라 부르고, 사람들을 광장으로 초대하는 것이다. 그야말로 거장의 스케일이다. 로저스에게는 이탈리아의 광장도, 퐁피두 센터 앞의 광장도, 내 집의 거실도 사람들이 함께 모여 즐긴다는 하나의 의미로 통하는 듯하다.

피아차에서 초대된 손님들과 인사를 나누고 있는데 화장실에 간 친구가 싱글벙글 웃으며 돌아왔다. 뭐가 재밌냐고 물었더니 "화장실 한번 다녀와 봐."라는 대답이 돌아왔다. 화장실 앞에서 차례를 기다리고 있는데 나오는 사람마다 다들 웃고 있다. 어떤 재미가 숨어 있는 것일까?

드디어 내 차례. 문을 열고 들어간 순간, 두 눈을 의심했다. 바닥, 벽, 천장이 온통 분홍색이었다. 그냥 분홍도 아니고 정신이 아찔해질 정도의 꽃분홍. 조명마저 몽환적이어서 핑크빛 우주를 유영하며 볼일을 보는 새로운 경험을 했다. 더 재미있는 것은 그렇게 일을 마치고 화장실에서 나왔더니 주변이 전부 녹색으로 보인다는 사실이었다. 강한 분홍색을 보다가 다른 곳으로 눈을 돌렸을 때 생기는 보색 잔상 효과였다. 벽만 녹색이 아니라 사람들 얼굴도 외계인처럼 녹색이었다. 처음 보는 녹색 얼굴의 손님 한

분이 나한테 왜 웃느냐고 물었다. 내 대답도 같았다. "화장실 다녀와 보시죠."

로저스의 화장실은 서먹서먹했던 사람들이 말문을 트도록 도와주는 대화 유발자였다. 화장실에 다녀온 손님들은 저마다의 핑크빛 경험담을 다른 사람들과 즐겁게 나눴다. 화장실의 페인트 색깔, 이 하나로 초대된 사람들 사이에 공감할 수 있는 공통의 경험이 생겨난 것이다. 밤이 깊어질수록, 술잔이 돌수록, 화장실을 다녀오는 사람이 늘어날수록 피아차에 웃음소리가 커져갔다.

그동안 내 머릿속으로 상상하던 건축가 로저스는 정교한 기계 장치, 오차 없이 들어맞은 디테일, 반 기념물주의처럼 그가 해온 일에서 비롯된 것들이었다. 하지만 그의 집에서 샌드백과 화장실을 보고 나자 이 거장의 인간적인 모습이 보였다. 장난꾸러기 같은 한 사람의 내면을 그의 집을 방문하고서 알게 된 것이다.

나를 닮은 공간을 꾸미려면 나의 취향에서 출발해야 한다는 이야기는 맞다. 하지만 그 취향이 1950년대 북유럽 의자에 대한 선호냐 하면 꼭 그런 것만은 아니다. 정말 중요한 것은 그 북유럽 의자를 통해 '내가 무엇을 하고 싶은

나다운 집 이란?
HOME, LONDON
RICHARD & RUTH ROGERS
로저스 경
딱 한사람
들어갈 폭.
웰컴~
피아차
화장실
샌드백

가'이다. 의자를 잘 골라 가족들이 조금이라도 더 많은 대화를 할 수 있도록 만드는 것. 화장실 페인트를 잘 골라 저녁식사에 초대한 친구들에게 웃음을 주는 것. 그렇다. 독특한 인테리어의 문제가 아니다. '내가 가치를 두는 일이 인테리어를 통해 일어나는가'의 문제다.

저녁을 먹으며 로저스와 대화를 나눴다. 누구든 그를 만나면 인사도 하기 전에 미소를 짓게 되리라. 형광 핑크색 셔츠에 오렌지색 양말, 청록색 바지를 입은 그가 반달눈으로 웃으며 맞아주기 때문이다. 그와 나눈 대화 중에서는 특히 좋은 건축에 대한 생각이 인상적이었다. 그는 자신이 설계한 건물은 공간을 사용하는 사람뿐 아니라 그 앞을 지나가는 사람도 즐거워야 한다고 했다. 만약 미술관을 짓는다면 입장료를 지불한 미술 애호가뿐 아니라 그 앞을 지나가는 행인들도 즐겁게 해주는 건물을 지어야 한다는 것이다. 건물은 모든 사람에게 차별 없이 즐거움을 주어야 한다는 로저스의 휴머니즘. 그는 이 철학을 삶에서도 실천했다. 연말이 되면 모든 직원에게 회사 이익을 공개하고 공평하게 보너스를 나눠준 후 일부는 자선 단체에 기부

한다.

그의 아내인 루스 로저스는 런던의 유명한 친환경 레스토랑 '리버 카페'의 주인이다. 리처드 로저스의 사무실 바로 옆에 위치한 이 레스토랑은 지금은 유명한 맛집으로 알려졌지만, 원래는 건축 회사의 바쁜 직원들에게 점심식사를 제공하기 위해 만들어졌다. 대중을 위한 궁전을 짓겠다는 휴머니스트의 반 기념물주의는 그의 건축, 그의 샌드백과 화장실 그리고 그가 지닌 삶의 태도에도 똑같이 적용돼 있었다.

이것이 내가 가본 최고의 '나를 닮은 집'이다. 2021년, 리처드 로저스는 88세의 나이로 세상을 떠났다. 나는 그를 이렇게 기억한다. '핑크빛 화장실로 사람들에게 웃음을 주고, 피아차에서 웃음을 널리 퍼뜨린 건축가'라고.

리처드 로저스 런던 자택

타인을 내 공간에 들이는 경험

피에로 포르나세티의 빨간 방
서교동 TRU 건축사 사무소 화장실

"집을 가장 아름답게 꾸며주는 것은 집을 찾아오는 친구들이다." 미국의 시인이자 사상가인 랄프 월도 에머슨Ralph Waldo Emerson의 말이다. 어릴 때는 친구와 골목길에서 함께 놀다가 친구 집에 놀러 가는 것이 일상이었다. 대학생 때 한번은 여자친구가 집으로 초대한 적이 있는데 (부모님이 계셔서 김새긴 했지만, 그걸 차치하고서라도) 그녀의 방을 들여다보는 것은 무척 설레는 경험이었다. 자신의 집을 보여준다는 것은 자신의 가장 소중한 내면을 타인에게 드러내는 일이다.

그런데 성인이 된 이후론 친구들을 집으로 초대한다는 것이 왜 거창하고 신경 쓰이는 일이 되어버렸다. 집에

별것 없어도 친구들이 집을 꾸며준다는 에머슨의 말은 이상론에 불과하다. 이왕 초대할 거면 집을 멋지게 꾸며서 부르고 싶은 게 인지상정. 이렇게 어지러운 내 방의 모습이 나의 소중한 내면이라 오해받으면 곤란하다. 친구를 초대하는 집. 어떻게 꾸며야 집으로 나의 내면을 표현할 수 있을까?

피에로 포르나세티Piero Fornasetti는 접시에 눈을 동그랗게 뜬 여가수의 얼굴을 그린 것으로 유명한 디자이너다. 그의 아들 바르나바 포르나세티Barnaba Fornasetti 역시 아버지의 대를 이은 디자이너인데, 언젠가 뉴스를 통해 그의 집을 본 적이 있다. 이탈리아인이자 디자이너, 유명 디자이너의 아들… 말해 뭐하겠는가. 그의 집은 독창적인 예술작품과 기발한 인테리어로 가득 차 있었다. 그중 가장 흥미로운 공간은 의외로 손님이 묵어가는 게스트 룸이었다. 방에는 '레드 룸'이라는 이름이 붙어 있는데, 내부를 보니 말 그대로 빨강 일색이었다. 빨강 벽, 빨강 침대, 빨강 카펫….

그런데 여기서 흥미로운 것은 방 한쪽에 놓인 책장이

었다. 이 책장에는 책 표지가 빨강이거나 제목에 빨강이라는 단어가 들어간 책들만 꽂혀 있었다. 스탕달의 《적과 흑》, 일명 '빨간 책'이라 불리는 마오쩌둥의 《마오주석 어록》, 너새니얼 호손의 《주홍 글자》 같은 책들이다.

상상해보자. 포르나세티의 집에 초대된다. 독특한 집 구경도 하고, 이탈리아 요리도 대접받는다. 밤이 깊어지자 포르나세티 씨가 하루 자고 가라고 제안한다. 그러면서 "빨간 방에서 주무시죠. 빨간 책만 모아둔 방입니다"라고 은근한 귓속말을 건넨다. 순간 밀려오는 기대감. 그리고 상상하던 빨간 책이 아니었을 때의 유쾌함! 침대에 누워서 빨간 책을 뒤적거리며 집주인의 독특한 개성에 감탄할 것이다. 극단적인 예이긴 하지만, 포르나세티의 빨간 책장은 초대할 손님을 위해 집을 꾸밀 때 적용해봄직한 아이디어다. 집 한쪽에 자신의 개성을 드러내는 독특한 컬렉션을 모아두는 것.

○

주인의 컬렉션으로 집을 꾸미는 일에는 이미 오랜 역사가 있다. 16세기 유럽, 항해술의 발달로 세상이 하나로

오늘밤은 빨간 방

CASA FORNASETTI

MILANO, ITALIA

빨간 책장

그나저나, 잠이 잘 올까?

연결되자 배를 통해 진귀한 물건들이 들어왔다. 이국적인 항아리, 생전 처음 보는 동물의 박제…. 그러자 이런 것들을 수집하는 사람이 늘어났다. 컬렉션을 전시하는 별도의 가구도 제작되었는데 '호기심 캐비닛Cabinet Of Curiosities'이라 불리는 가구였다. 조금 더 방대한 컬렉션을 가진 왕과 귀족들은 아예 컬렉션의 방을 만들기도 했다. 이 방을 '분더카머Wunderkammer'라 부르는데 놀라움의 방이라는 뜻이다. 호기심 캐비닛과 놀라움의 방, 참 멋진 이름인데, 당시 사람들은 여기에 전시할 컬렉션을 세심히 고르고 친구들을 초대해서 구경시켜주는 일을 즐겼다.

내 개성을 보여주는 호기심 캐비닛을 집에 두는 정도라면, 우리도 부담 없이 시도해볼 만하다. 여행을 다니며 하나하나 모아온 부엉이 조각을 호기심 캐비닛에 전시해도 좋다. 집을 방문한 손님에게 저 귀여운 부엉이를 발견한 그리스의 어느 작은 가게에 대한 이야기를 들려줄 수 있을 테니. 포르나세티처럼 책을 모은다면 지금까지 내가 평생 읽었던 책 중에서 '베스트 30'권을 채워놓은 호기심 캐비닛을 두는 것도 방법이다. 왜 1위로 이 책을 뽑았는지에서부터 손님들과의 이야기가 시작될 것이다.

포르나세티는 자신이 빨간 방을 만든 이유와 그 취지에 관해 이렇게 말했다. “일부러 장식을 위한 물건을 사지 않고도 집을 꾸미는 새로운 방법이 있습니다.” 호기심 캐비닛도 마찬가지. 중요한 것은 컬렉션 그 자체가 아니라 그 컬렉션이 유발하는 손님과의 대화다.

◆

몇 년 전, 사무실을 서울 서교동으로 이전하면서 새로 인테리어를 했다. 리처드 로저스의 핑크빛 화장실의 영향인지, 나도 화장실부터 디자인했다. 스케치북을 들고 철거를 끝낸 화장실에 들어가서 구상해봤다. 어떻게 하면 사람들이 단순히 볼일만 보는 게 아니라, 다른 사람들과 웃으며 이야기 나누는 장소로 만들 수 있을까?

이런저런 생각 끝에 화장실에서 우리가 취하는 동작을 떠올려봤다. 사람들은 일을 볼 때 고개를 숙여야만 한다. 그렇다면 고개를 숙이게 하는 대상을 만들어주면 어떨까? 갑자기 안드로메다로 차원 점프를 한 듯, 이상한 아이디어가 떠올랐다. 건축 설계 사무실의 화장실이니까 고개 숙임의 대상은 당연히 위대한 건축가나 창의적인 예술가여야 한다. 안드로메다 아이디어는 스케치로 구체화하면서 점차 앞으로 나아갔다.

다음은 위대한 건축가와 예술가의 초상화를 모아 볼 차례. 인터넷에서 사진을 찾았다. 프랭크 로이드 라이트Frank Lloyd Wright, 알도 로시Aldo Rossi, 임스 부부Charles & Ray Eames처럼 내가 좋아하는 건축가부터, 에드워드 호퍼Edward Hopper, 막스 빌Max Bill 같은 예술가와 디자이너, 그리고 언젠가 공연을 보고 반했던 안무가 머스 커닝햄Merce Cunningham까지 총 21명의 초상화를 프린트했다. 흑백 사진으로 출력해서 쭉 벽에 붙여두고 보니 화장실이 마치 위대한 창조자들의 위패를 모신 가묘(家廟)처럼 느껴졌다. 조선시대 양반집에 가보면 집 가장 높은 곳에 조상을 모시는 사당이 있는데, 사당을 둔 사무실이 되었다고나 할까. 영정 사진처럼 보이도록 검은색 테두리 액자에 사진을 넣어 화장실에 걸었다.

그런데 잠깐, 이런 위대한 대가들을 순서 없이 함부로 붙일 수는 없다. 돌아가신 날을 하나하나 검색해서 영면한 순서대로 붙였다. 건축가 아돌프 로스Adolf Loos의 사망일은 1933년 8월 23일이라 가장 윗쪽 줄을 차지했고, 104세까지 장수한 브라질 건축가 오스카르 니에메예르Oscar Niemeyer는 2012년 12월 5일이 기일이라 가장 아래 칸에 모셨다. 우리 사무실에서는 배설의 시간이 추모의 시간으로 바뀐다. 업무를 하다가 생각이 막혔을 때 "화장실 다녀올게요"가 아니라 "잠깐 기 좀 받고 올게요"라며 웃음이 오가기를 바랐다.

◆

웃음 유발에 성공했을까. 결과는 50대 50이었다. 회의를 하다가 화장실에 다녀온 인테리어 사장님은 "살바도르 달리와 정면으로 마주 보며 소변을 보려니까 부담돼서 잘 안 나오네요"라며 농담을 건넸다. 분명 달리는 부담스러운 외모임에 틀림없다. 반면 업무 협의를 하던 한 디자이너는 이런 질문을 했다. "위에서 두 번째, 오른쪽에서 세 번째 인물이 누구죠?" 웃음기 쏙 빼고 진지하게 물어오니 그건 그거 나름대로 좀 곤란했다. 여하튼 대화 유발에는 성공한 '호기심 캐비닛'이 완성됐다.

회사마다, 사장님마다 의견은 다르겠지만 나의 경우 사람들이 집단으로 모여서 뭔가 창조적인 일을 할 때는

'패스 플레이'가 중요하다고 생각한다. 스타 플레이어 한 명이 현란한 드리블을 하면서 슛까지 연결하는 게 아니라, 짧은 패스로 티키타카를 하면서 생각을 발전해나가는 업무 방법. 그러다가 혼자만의 깊은 생각이 필요하면 사무실을 벗어나 잠시 카페로 자리를 옮기거나 산책을 하고 오면 된다고 생각하는 주의다. 그러니 패스 플레이가 이루어질 사무실만큼은 모두가 서로의 표정을 볼 수 있는 공간이었으면 한다. 아이디어가 나왔을 때 재빨리 그걸 다른 사람한테 건네보는 공간. 아이디어의 패스 플레이야말로 건축 사무실에서 벌어지길 바라는 이상적인 모습이다.

그래서 우리 사무실은 시선을 가로막는 것을 없애고 조금만 고개를 돌리면 서로 눈을 맞출 수 있게 책상을 배치했다. 공간을 나눌 필요가 있는 곳에는 벽 대신 반투명 커튼을 달아서 필요할 때는 언제든 공간이 하나로 연결될 수 있게 했다. 소품이나 그림도 화장실 영정 사진처럼 대화가 시작되기 쉬운 재미있는 것으로 골랐다. 이렇게 공간을 꾸며가다 보니 다른 장소에 가서도 '대화 유발력이 있는가'라는 관점에서 공간을 보기 시작했다. 누군가의 집에 초대되었을 때, 하다못해 동사무소에 서류를 떼러 가더라도 책상 배치와 가구, 조명의 대화 유발력을 평가해보는 것이다.

◦

에머슨의 말은 원래 이런 뜻이리라. '집이 좀 누추하면 어때. 자주 집을 찾는 친한 친구들이 있으면 행복하지.' 하지만 내가 재해석한 의미는 이렇다. '친구들을 초대하다 보면 자연스럽게 내 집을 나답게 꾸밀 기회가 생긴다.' 초대를 계기로 나의 내면을 드러내는 집 꾸미기를 해보게 된다는 말이다.

식당에서 밥 한 끼를 사는 것은 쉽다. 그러나 누군가를 위해 집을 꾸미고 음식을 준비하는 것은 자신이 내어줄 수 있는 최고의 대접이다. 이는 너에게 나를 보여주는 '나에게로의 초대'다. 다만 그것은 손님만을 위한 행동은 아니다. 손님을 즐겁게 해주는 일을 넘어서, 타인을 내 공간에 들이는 경험을 통해 나를 확인하는 일이다.

무엇이 나다운 것인지는 스스로 깨달아야 하지만, 그 과정에서 우리는 타인의 시선을 무시할 수 없다. 아니, 타인의 시선을 통해 나의 개성은 더욱 성장하고 단단해진다. 일단 친구부터 초대하자. 그것을 계기로 공간을 꾸미다 보면 나의 내면을 발견할 수 있을 것이다. 때로는 '실행 먼

저, 생각 나중'으로 흘러가는 것도 방법이다.

모래밭에서 집을 짓던 어린 시절, 우리는 어떤 집을 짓겠다는 계획을 세운 적이 없다. 마음껏 몰입해서 이런저런 시도를 해보고 저녁이 되면 집으로 돌아갔다. 다음 날 다시 와보면 어제의 집은 사라지고 없었다. 아쉬움도 잠시, 우리는 다시 자신의 본능대로 세상을 만들었다. 집은 나와 내 친구들의 모래밭이 될 수 있다. 마음껏 유머를 부리고 엉뚱한 짓을 하던 '모래밭 정신'으로 돌아갈 수 있는 자유가 내 집에 있다.

포르나세티의 빨간 방

디자이너의 사당, TRU

톰 소여의 아지트엔 아무것도 없다

보길도 동천석실

유명산 자연휴양림 오두막

가깝게 지내는 선배이자 인테리어 일을 하는 김기중 대표가 강화도에 세컨드 하우스를 지었다. "톰 소여, 그 어린 녀석도 나무 위의 집을 가졌으니까…." 혼자 가서 책도 읽고 음악도 들을 수 있는 자신만의 아지트를 갖는 것이 오랜 꿈이었는데, 이제야 그 꿈을 실현하게 되었다며 선배는 기뻐했다. 초대를 받아 가보니 소박한 단층집인데, 큰 창문으로 강화도의 너른 논 풍경이 보였다. 가을이면 황금빛 논이 파도처럼 흔들리고, 그 풍경을 바라보며 멍때릴 수 있는, 이른바 '논멍'의 집이었다.

그로부터 2년쯤 지나 그 집에 다시 놀러 갔는데 선배가 뜻밖의 이야기를 했다. "애초에 이 집을 지은 목적은 경치를 바라보며 생각을 정리하기 위해서였어. 그런데 이 집에서는 집중이 안 돼." 할 일이 너무 많은 것이 문제였다. 가자마자 청소도 해야 하고, 냉장고에 음식도 채워 넣어야 하고, 정원의 잡초도 뽑아야 하고…. 그래서 어쩔 수 없이 집중이 필요할 때는 근처에 새로 생긴 카페를 간다고 했다. 선배는 한숨을 쉬며 말했다. "이쯤 되니 스스로에게 의문이 들더라. 이럴 거면 원래 살던 집 근처 카페에 가서 일을 하지 내가 왜 이 집을 지었을까?"

첫 방문을 기억해보면, 선배의 아지트는 내부에 세간이 거의 없었다. 의자 한두 개와 거기 앉으면 보이는 창밖 풍경이 전부였다. 그런데 매번 갈 때마다 세간이 늘어났다. 논멍을 위해 창가에 편안한 소파를 하나 가져다 뒀고 밤에는 조금 심심한 기분이 들어 거대한 TV를 창문 옆에 세웠다. 냉장고에 맥주도 채웠고, 정원을 가꾸는 데 필요한 도구를 사들이기 시작했다. 그러자 아지트에 갈 때마다 바빠졌다. 집중하려고 하면 잡초가 자란 정원이 풀 좀 뽑아달라고 말을 걸어오고, 냉장고는 맥주나 한잔하라고 유혹한다. 혼자였지만 말을 걸어오는 무생물이 늘어난 것이다. 이러다 보니 논멍의 시간이 점점 줄어들었는데, 그래서 선배는 최근에 다른 꿈이 하나 생겼다.

"몸만 들어가 쉴 수 있는 아주 작은 아지트를 하나 더 짓는 게 소원이야."

◦

단순했던 주거 공간이 살림 도구로 하나둘 채워지는 것은 어찌 보면 당연한 일이다. 그리고 살림 도구를 잘 정돈해둘 경우 그 도구들은 오히려 공간을 아늑하고 친근하게 해주는 배경이 된다. 손때를 탄 주방 도구들이 나름의 질서를 유지하며 제 위치에 걸려 있는, 오래 사용한 주방을 상상해보라. 이런 것을 공간에 생활감(生活感)이 생겼다고 표현한다.

하지만 생활감이 늘 좋은 것만은 아니다. 나만의 아지트처럼 잠시 머무는 공간이라면, 생활감은 오히려 공간의 신선감(新鮮感)을 감소시키는 역작용을 한다. 아지트에 생활감이 생겨서 너무 편안해지면, 어딘가 비밀스러운 공간으로 숨어들 때의 스릴이 사라진다. 따라서 나만의 아지트를 만들 때 중요한 것은 '생활감의 강제 종료'다. 필요한 살림 도구를 다 갖춰두지 말고 조금 불편하더라도 공간의 신선도를 유지해야 한다.

조선시대에도 이와 비슷한 예가 있었다. 전라남도의 섬, 보길도에 가면 꼭 가봐야 할 곳이 있다. 고산 윤선도가 세운 집과 정원이다. 조선시대 관료이자 학자인 윤선도 선생은 나이 51세에, 보길도의 아름다운 풍경에 반해 여기에 눌러살기로 결심한다. 정치를 하며 얻은 마음의 상처도 낙향을 결정한 원인 중 하나였다. 그가 보길도에 숨어들어 한 일은 자신만의 세상, 윤선도 테마파크를 만드는 것이었다.

우선 집을 한 채 짓고 '낙서재(樂書齋)'라 이름 붙였다. 즐거울 락, 책 서, 말 그대로 "책 읽는 것이 가장 즐거워, 정치는 이제 그만!"이라고 선언하는 집이다. 그리고 가까운 곳에 연못을 파고 '세연정(洗然亭)'이라는 정자를 세웠다. 한국의 정원을 좋아하는 사람이라면 꼭 가봐야 할 명소인데, 연못을 중심으로 바위와 나무를 무심하게 턱턱 놓은 듯한 자연스러운 풍경이 아름답다. '무심히', '턱턱'. 정교하게 스토리를 짜 넣은 서양의 정원과 다른 우리의 아름다움이다. 이렇게 윤선도 선생은 보길도에 자신을 위한 테마파크를 완성했다. 그의 호는 고산(孤山), 외로운 산이라는 뜻이니 '론리 마운틴 파크'라고 이름 붙여도 될 듯싶다.

그런데 다 꾸며놓고 보니 론리 마운틴으로만 살아갈

수는 없었다. 그의 명성을 듣고 멀리서 찾아온 친구들, 배움을 위해 선생을 뵙고자 하는 후학들이 늘어났고, 이들과 함께 술 마시고 시 짓고 풍류를 즐기는 것이 일상이 되었다. 세연정에 서서 이곳에서 벌어졌을 파티를 상상해보니, 무심히 턱턱 놓은 너른 바위 위에 삼삼오오 모여 술 마시는 풍경이 그려졌다. 모여 놀기 딱 좋은 테마파크였다.

지금부터 역사적 근거가 없는 나의 상상을 펼쳐보겠다. 매일 파티가 벌어지니 미스터 론리 마운틴은 낙서재에서 책 읽을 시간이 점점 줄었다. 그러던 어느 날, 파티의 숙취 속에서 잠이 깬 윤선도 선생. 집 앞에 있는 거대한 절벽이 그의 눈에 들어왔다. 그리고 저 위에 친구들은 올 수 없는 나만의 집을 하나 짓자고 생각한다. 딱 한 사람만을 위한 집. 저기서는 정말 책만 보면서 지내야지, 하는 마음으로.

절벽 위의 아지트 '동천석실'로 올라가는 길은 만만치 않다. 경사가 가파르고 미끄러워 밧줄을 잡고 올라가야 할 정도다. 이 절벽의 중턱에 세워진, 딱 한 사람만 들어갈 수 있는 작은 집이 동천석실이다. 윤선도 선생이 동천석실에 앉아 홀로 책을 보고 있다. 그리고 눈을 들어 아래를 내려다보니 자신의 테마파크가 한눈에 들어온다. 어제 만취한 정원도 보인다. 친구들은 아직 자고 있겠지. 이곳 동천석실까지 숙취를 무릅쓰고 올라올 사람은 없을 것이다. 식사는 바위에 설치한 도르래로 절벽 아래에서 보내주는 것을 받아먹는다. 식사를 가져다주는 사람과도 마주치기 싫어서다. 얼마나 사람들이 찾아오기 힘들게 만들고 싶었는지, 얼마나 나만의 공간을 지키려고 했는지는 이런 세세한 장치를 보면 알 수 있다. 이 동천석실에 한번 가보라고, 강화도 선배에게 추천했다.

◦

강화도 선배가 부러워하던 톰 소여. 그 어린 녀석이 나무 위의 집을 지은 이유는 자유와 모험을 위해서였다. 어른들이 만들어놓은 규칙에서 벗어나는 자유, 무엇이든 시도해볼 수 있는 모험 정신. 자유와 모험의 공간에 들어가기 위해 톰 소여는 누구나 보편타당하다고 여기는 상식을 벗어난 집을 짓는다. 모험의 집은 잘 짜인 기초 위에 튼튼한 벽돌로 지은 집이 아니다. 나무 위에 아슬아슬하게 놓여 있어서 바람이 불면 흔들릴 수 있고, 임시변통으로 만들어 놓은 테이블과 의자에 앉아서 어떤 모험을 할지 상상하는 곳

고독공간은 상비약
세연정
동천석실, 보길도

이다. 나무 위에 새 둥지처럼 집을 지었으니 그 면적도 내 한 몸 들어갈 정도로 작을 수밖에 없고, 올라갈 때마다 아슬아슬한 스릴을 맛봐야 한다. 생수 한 상자를 올려두고 마시는 일은 꿈도 못 꿀 테고, 바비큐로 배부르게 저녁을 먹을 수도 없으니 낡은 금속 상자에 모아둔 비스킷을 비상식량으로 끼니를 때운다. 생활감이 드러나는 공간과는 거리가 먼 것이 아지트의 특징이다. 도르래로 음식을 받아먹던 미스터 론리 마운틴도 마찬가지였다. 산만 내려가면 맛있는 게 널려 있을 텐데, 이 양반이 고생을 사서 한 이유는 '의도된 결핍'을 원했기 때문이다. 모험이란 게 원래 그런 것이다. 모든 것이 풍족하면 모험이 아니니까.

어쩔 수 없이 유지하고 있는 사회적 관계와 의례적인 미소. 이런 어른의 룰에서 벗어나 톰 소여가 되고 싶을 때 우리에게 필요한 것이 모험의 집이다. 잃어버린 자유와 모험심은 따뜻하고 편안한 퍼스트 하우스에서 생기지 않으리란 걸 잘 알고 있기에, 우리는 세컨드 하우스를 꿈꾼다. 공간은 생각을 지배하므로 모험심을 발휘하기 위해서는 모험의 공간에 나를 두어야 한다.

◦

당장 세컨드 하우스를 지으면 좋겠지만, 그 전에 어떤 모험의 집이 나에게 필요한지 테스트를 해보기로 했다. 인터넷 검색을 하다가 찾아낸 것이 자연휴양림 속 오두막. 어느 주말 저녁, 유명산 자연휴양림을 찾았다. 통나무집 한 채가 계곡을 향해 놓여 있었다. 밤이 되자 갑자기 세차게 비가 내렸다. 우렁찬 물소리가 울리는 여름 계곡을 하염없이 바라보며 밤늦게까지 멍하니 의자에 앉아 있었다. 오래도록 기억될, 혼자만의 밤이었다.

그리고 돌아온 월요일, 사무실에서 일하던 중 계곡이 전해주던 그 기분 좋은 진동이 떠오르더니 좀처럼 잊히질 않았다. 다가오는 주말에 또 오두막을 예약했다. 그런데 짐을 챙기다 보니 통나무집의 형광등이 너무 밝아서 책 읽기에 거슬린 기억이 떠올랐다. 그래서 등산할 때 쓰는 테이블 램프를 주문했다. 가만히 생각해보니 램프를 올려놓을 미니 테이블이 필요하겠다 싶어서 이 또한 구입. 그런데 화면 하단에 연관 품목으로 등산용 의자가 보였다. 데크에 나가서 비 내리는 풍경을 바라볼 때 딱이지, 구매. 아, 이러면 안 되는데…. 나도 '생활감의 함정'에 빠진 것이다.

마음을 다잡고 '강제 종료해야지, 배낭에 딱 10가지 물건만 담아서 떠나야지' 하며 화면을 닫았다. 하지만 쇼핑 카트에는 아직 가벼운 티타늄 등산 의자가 들어 있으니 집으로 배달되는 건 시간문제다.

동천석실

하룻밤, 시간을 공간으로 빚는다면

알랭 드 보통의 리빙 아키텍처
응암동 여정

영국의 작가 알랭 드 보통은 숙박 시설을 운영하는 사장님이기도 하다. 그는 흔히 팝 필로소퍼Pop-philosopher, 즉 대중 철학자라고 소개되곤 한다. 어떻게 하면 철학과 예술이 고상한 사람들만 향유하는 분야가 아니라 대중의 삶에 영향을 미치는 일상의 가르침이 될 수 있는지, 그 방법을 담은 책을 써오면서 붙은 명칭이다.

한마디로 사유의 일상화를 지향한다. 쉽게 말하면 "예술, 철학? 그걸 당장 어디다 써먹어?" 이런 의문을 품은 사람들에게 권하고 싶은 작가다. 같은 주제로 그는 건축에 대한 책도 썼다. "건축? 그걸 어디다 써먹어?"라는 의문이 들 때 읽을 만한 책, 《행복의 건축》이다.

출간 후 알랭 드 보통은 어느 인터뷰에서 이런 뉘앙스의 이야기를 했다. "사실 이 책을 읽었다고 대중이 좋은 건축을 알아보리라 생각하지는 않는다. 사람들에게 좋은 건축을 제안하는 최선의 방법은 좋은 건축물에 실제로 살아보게 하는 것이다."

그는 베스트셀러를 써서 벌어들인 돈으로(라는 건 내 추측이지만) 사람들이 묵을 수 있는 숙박시설을 지었다. 영국 곳곳에 여덟 채의 집을 지었는데 그 설계자가 하나같이 세계적인 건축가들이다. 스위스의 건축가 페터 춤토르Peter Zumthor는 '세속적인 휴식Secular Retreat'이라는 이름의 고요한 별장을 설계했고, 네덜란드 건축사무소 MVRDV는 '균형 있는 헛간Balancing Barn'이라는 이름으로 전원 풍경 위에 서커스 하듯 아슬아슬 떠 있는 집을 지었다. 사람들에게 행복을 주는 건축이란 무엇인지, 그 의미를 알리기 위해 지은 숙소인 것이다. 내 일상을 변화시키는 집, 이런 집이 다 있다니, 일부러라도 한번 찾아가서 머물러보고 싶다는 생각이 든다.

◦

원래 숙소란 여행의 수단에 불과했다. 여행의 과정에서 휴식을 취하는 곳. 모름지기 숙소란 다음 날 컨디션을 위해 침대가 편해야 하고 조식이 맛있어야 한다. 위치를 잘 고르는 것도 중요한데, 숙소의 위치가 어디냐에 따라 그 도시의 경험이 달라지기 때문이다. 비유하자면 여행지의 숙소는 낯선 산을 오를 때 등정의 성패를 좌우하는 베이스캠프 같은 장소다.

그런데 때로는 숙소가 여행을 위한 수단이 아니라 그 자체로 여행의 정점, 여행의 목표가 되기도 한다. 몇 년 전부터 인기를 끌고 있는 '스테이'가 그것인데, 특별한 볼거리를 찾아가기보다 그저 숙소에 머무르기만 하는 여행을 위해 지어진 숙박시설을 말한다.

여행을 위한 숙박이 아니라, 숙박을 위해 떠나는 여행이라니. 왜 이런 여행이 인기일까? 여행을 '떠나고는' 싶지만, 여행을 '하기는' 싫은 사람들이 생겨났기 때문이다. 우리는 삶에 재충전이 필요해서 여행을 떠난다. 하지만 실제로는 수많은 피곤한 일과 마주쳐야 하는 것이 여행이다. 일정도 짜야 하지, 맛집도 찾아야 하지, 편안한 숙소도 골라야 하지…. 그러다 보니 어딘가로 떠나고는 싶지만, 떠남이 주는 스트레스는 원치 않는 사람들이 늘어나는 것도 이상한 일은 아니다.

시골의 한적한 어촌 마을에 살면서 삼시세끼를 해결한다는 예능 프로그램이 인기인 이유도 마찬가지다. 밥을 짓는다, 밥을 먹는다. 이것 외에는 특별히 할 일이 없는 농촌과 어촌의 단순한 일상. 이른바 '촌캉스'라 불리는 여행을 원하는 사람들에게 필요한 숙소는 방 한 칸과 가마솥만 걸려 있는 평범한 시골집이면 족하다. 그런데 가마솥에 불을 피워 삼시세끼를 지어 먹는 하루를 보고 있자면, 이 집이 단순히 머물고 밥 짓는 장소만 제공해주는 게 아니라는 사실을 깨닫게 된다. 이 집이 주는 것은 내 몸을 움직이는 즐거움이다. 점심은 뭘 먹을까 고민하고, 재료 준비를 위해 밭에 나가 파를 한 단 뽑아온다. 평상에 앉아 파를 다듬고 국물을 낸다. 몸을 움직여 식사를 준비하면서 우리는 근사한 호텔 조식 테이블 앞에서 뭘 먹을까 고민하는 즐거움과는 다른 세계가 있음을 깨닫게 된다.

그리고 이 경험은 우리가 다시 번잡한 일상으로 돌

아가서도 '써먹을 만한' 경험으로 남는다. 어쩌면 삼시세끼 촌캉스를 하고 돌아오면 일주일에 한 번, 주말 점심쯤은 천천히 공을 들여 음식을 준비하는 느긋한 사람으로 바뀌어 있을지도 모른다. 느긋한 식사에 맞게 식탁의 위치를 바꿀 수도 있다. 삶의 변화를 일으키는 집, 그것이 스테이가 우리에게 주는 미덕이다.

◆

여행의 수단이 아닌 목적이 되는 집이라는 의미에서 알랭 드 보통의 숙박시설도 스테이라 할 수 있다. 그의 스테이에 묵으면 우리는 어떠한 삶의 변화를 경험할 수 있을까? 그는 이 프로젝트에 '리빙 아키텍처'라는 이름을 붙였는데, 말 그대로 '살아보는 건축'이란 뜻이다. 자, 여기 건축가가 공간에서 디테일까지 자신의 철학을 담아서 만든 아키텍처가 있으니, 와서 살아보라. 그런 의미다.

현실적으로 건축가가 자신의 철학을 투영하여 설계한 집에 살고 있는 사람은 많지 않다. 특히 우리나라 사람들은 대부분 건설사의 철학이 투영된 아파트에 살다가 삶을 마친다. 건축가의 집이라 해도 기껏해야 방송으로 소개되면

간접 체험해보는 것이 전부인데, 그래 봤자 '이 안에 살면 행복할까? 삶이 어떻게 바뀔까?'라는 질문에 속 시원한 해답을 얻지는 못한다. 그래서 우리의 친절한 알랭 드 보통은 《행복의 건축》이라는 이론서를 낸 후, 그 실전편으로 실제 집을 지어 공개한 것이다. 최고의 건축가가 지은 아키텍처에 살아보면서 실제로 공간이 우리에게 행복을 주는지, 그러려면 공간에서 어떤 하루를 보내야 하는지, 써먹을 만한 깨달음 하나를 얻어가도록 한 것이다.

건축가 입장에서 보면 스테이를 설계한다는 것은 시간을 공간으로 빚는 일이다. 스테이 설계란 건축가 자신이 생각하는 이상적인 1박 2일을 공간으로 전환하는 것이다. 그러므로 건축가는 손님이 하룻밤을 머물다 떠날 때, 집에서 보내는 시간에 대한 관점의 변화가 일어나도록 만들어야 한다.

식당에 비유하자면, 좋은 스테이란 미슐랭 가이드의 별 셋 식당 같은 곳이다. 별 셋 식당은 고픈 배를 채우러 가는 곳이 아니다. 미슐랭 가이드에 따르면 별 셋의 정의는 이렇다. '맛을 보기 위해 특별한 여행을 떠날 가치가 있는 식당.' 다시 말해 '여행 간 김에 맛집도 좀 들러볼까?' 하는 수준을 넘어 식당 방문이 여행의 목적이 될 정도라야 별 셋을 받을 자격이 있다는 것이다. 그러니 별 셋을 노리는 셰프는 단순히 훌륭한 음식을 제공하는 데 그치면 안 된다. '이 한 끼로 음식에 대한, 먹는다는 행위에 대한 내 관점이 변했어.' 식사를 마친 후 손님에게서 이런 반응을 끌어내야 한다.

집에서 보내는 시간, 그 관점의 변화를 일으키는 집. 이런 측면에서 보통의 리빙 아키텍처 시리즈 중 영국 건축가 존 파우슨John Pawson이 설계한 집에는 한 번쯤 묵어볼 가치가 있다. 영국의 외진 시골에 자리 잡은 이 집은 수풀에 묻혀 있어 멀리서는 집이 있는지조차 모를 정도다. 검은색 벽돌을 사용한 외관은 겸손함 그 자체여서 마치 머리부터 후드를 뒤집어쓴 수도승처럼 보인다. 내부 공간도 이와 비슷하다. 담백한 모양의 가구 몇 점과 창문을 통해 보이는 언덕이 공간의 전부다. 여기 발을 들이는 순간 모든 욕심일랑 내려놓고 살라고 타이르는 목소리가 들리는 듯하다. 언덕 너머에는 철새가 날아다닌다. 따뜻한 차를 내리고 조용히 새를 관찰하고 있으면 느리게 느리게 시간이 흐른다. 존 파우슨은 대표적인 미니멀리스트 건축가로 장식 없이 절제된 공간을 만드는 것으로 유명하다. 이 공간

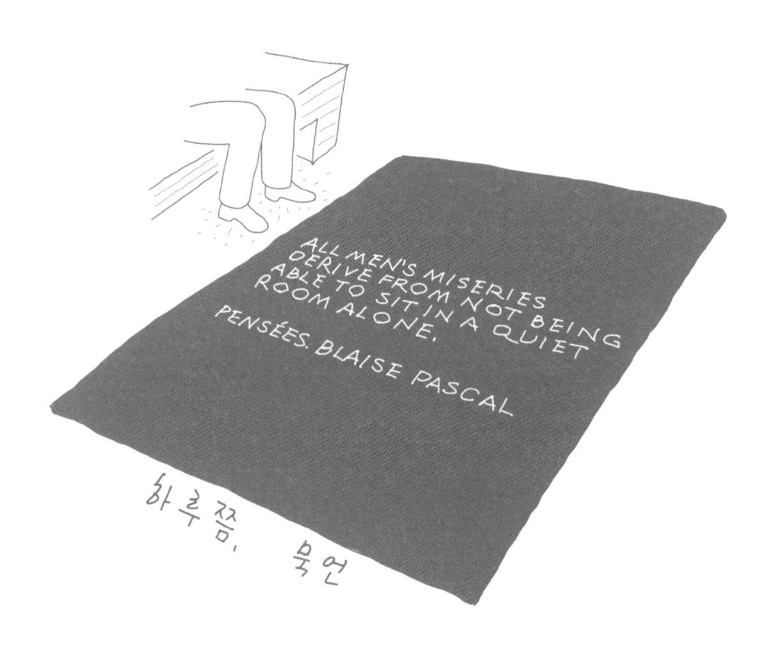
ALL MEN'S MISERIES
DERIVE FROM NOT BEING
ABLE TO SIT IN A QUIET
ROOM ALONE.
PENSÉES. BLAISE PASCAL
하루쯤, 묵언

역시 주변의 풍경을 주인공으로 삼고 집은 그저 고요한 액자로만 기능한다. 이 집은 어떤 종류의 행복을 우리에게 가르쳐주고 있는 것일까? 바닥 돌에 새겨진 블레즈 파스칼Blaise Pascal의 인용문이 그 가르침을 대신한다.

"인간의 모든 불행은 한 가지에서 온다. 방에 조용히 앉아 있는 법을 모르는 것이다."

◦

방에 조용히 앉아 있는 법. 그것은 거저 얻을 수 있는 게 아니다. 조용히 앉아 있는 법을 배우기 위해서는 그것을 위해 특별히 설계된 집에 살아봐야 한다. 그 후 내 집으로 돌아와서도 그 경험이 내 일상에 영향을 미친다면, 이는 집이 우리 삶에 할 수 있는 최고의 기여일 것이다. 그런데 (알랭 드 보통에게는 미안하지만) 솔직히 말해 조용히 앉아 있는 법, 그 하나를 배우러 14시간을 비행해서 영국 시골까지 가는 건 무리다. 그러니까 우리는 우리대로 가까운 곳에서 조용히 앉아 있는 법을 알려줄 스테이를 하나 찾아내야 한다.

서울 응암동에는 '여정'이라는 이름의 숙박시설이 있

다. 아니, 숙박시설이라고 부르기는 어려운 것이 숙박이 목적이 아니기 때문이다. 이곳은 사람이 살고 있는 집의 방 한 칸을 내어주고 하루 묵어가게 하는 곳이다. 마치 어떤 여정 속에 있는 나그네에게 잠자리를 내주는 것처럼.

여정은 이보다 더 고요한 곳이 지구상에 있을까 싶을 정도로 고요하다. 부산함이라고는 흔적도 찾아볼 수 없는 정돈된 공간. 심지어 창문으로 보이는 전망도 없다. 창문 밖으로는 그저 가는 붓으로 그린 듯한 대나무 몇 그루와 벽을 타고 들어오는 빛이 있을 뿐. 그리고 책상 앞에 놓인 작은 탁상시계만이 '톡톡' 초침 소리를 낸다. 시계의 초침 소리를 들은 것이 얼마 만인가. 빛과 시간을 배경 삼아, 책상 위에 집주인이 놓아둔 책을 읽는 것이 이곳에서 할 수 있는 일의 전부다.

체크인을 하면 공간을 만든 건축가 임태병의 사무실로 초대되어 대화를 나눌 수 있다. 그는 이 집을 '중간 주택'이라고 부른다. 숙소와 집의 중간, 여행과 일상의 중간. 그 어디쯤 여정에서 우리 삶에 고요한 순간이 필요할 때 방문하는 공간이다. 앉은뱅이 책상, 손에 쥐고 싶어지는 찻잔…. 집을 채운 물건들을 보고 있자니 이것들을 하나하나 고르고 미묘하게 위치를 조정했을 주인의 모습이 겹친다. 지금 이 순간, 내 몸이 그 물건들 사이에 스며들듯 들어가 공간을 차지하고 있다. 잠시 이 집의 주인이 되어 살고 있는 듯한 착각이 들었다. 주인을 담은 공간에 우리를 두면 우리는 잠시 타인의 시간을, 타인의 삶을 살아보게 된다. 그런 하루를 경험한 후 내 생활로 돌아오면 내 공간도, 내 시간도 이와 같이 바꾸어놓고 싶다는 자극을 받는다. 파스칼의 격언은 내 집에도 실현 가능한 것이다.

◦

최근 우리나라에 지어지고 있는 스테이를 보면 몇 가지 뻔한 포인트가 있다. 마당이 보이는 근사한 욕조에서 거품 목욕을 하거나 수영장이 있는 고급 주택 같은 럭셔리한 집에 살아보는 경험을 강조한다. 하지만 주택이 제안하는 타인의 삶에는 럭셔리한 인생만 있는 것이 아니다. 침묵의 수도승이 되어보기도 하고, 철새를 관찰하는 조류학자가 되어볼 수도 있다. 스테이를 고를 때 살펴봐야 할 점은 그 집이 어떤 삶을 제안하고 있는가, 이다.

늘 나를 두던 익숙한 내 집은 내 공간 경험의 원점이

다. 잠시 익숙한 원점을 벗어나 미지의 좌표, 미지의 집에 나를 두어보는 것. 그리고 그 집이 마련해둔 일상에 몸을 맡기고 자신에게 일어난 변화를 관찰해보는 것. 이렇게 집을 탐험하다 보면 종종 우리는 내가 바라던 행복에 더 깊이 공감해주는 집을 만나게 된다. 삶에 대한 나의 이해가 여행의 공간을 통해 확장되는 것이다.

건축가로서 개인적인 바람을 보태자면, 스테이가 우리나라 주거문화를 바꾸는 데 일조할 수 있지 않을까 기대하고 있다. 건축가의 철학이 담긴 '아키텍처'에 머무른 사람들이 과연 획일적인 아파트라는 '집'에 만족할 수 있을까? 주거문화의 지형을 변화시키는 계기가 스테이를 통해 자연스레 만들어질 수 있을 것이다.

늘 나를 두던 익숙한 내 집은 내 공간 경험의 원점이다.
잠시 익숙한 원점을 벗어나 미지의 좌표, 미지의 집에
나를 두어보는 것. 그리고 그 집이 마련해둔 일상에
몸을 맡기고 자신에게 일어난 변화를 관찰해보는 것.
이렇게 집을 탐험하다 보면 종종 우리는 내가 바라던
행복에 더 깊이 공감해주는 집을 만나게 된다.

응암동 여정

동네를 빵집 하나로 고를 순 없지만

〈모노클〉의 살기 좋은 도시
홍은동 베이글 맛집

살고 싶은 동네가 있는가? 내 집에 대한 이야기를 넘어 '나를 두고 싶은 이상적인 동네'로 시야를 넓혀보자. 평소 친하게 지내던 모 회사의 대표를 오랜만에 만났다. 이 회사는 1인 가구를 위한 주거 사업을 하는데, 안부를 물으니 최근에 자기 마음에 딱 드는 동네로 이사를 가게 되어 매일매일 행복하다는 거다. 대표 역시 혼자 살고 있는데 그는 1~2년에 한 번씩 꼭 이사를 한다. 이렇게 자주 이사하는 이유는 우리나라에 존재하는 모든 종류의 주거에 골고루 살아보기로 결심했기 때문이라고. 오피스텔, 원룸, 다가구, 단독주택을 돌아가며 살아보면서 자신이 하고 있는 사업의 고객들, 즉 거주자의 입장에서 장단점을 비교하는 실험을 몸소 하고 있었다. 또 다른 이유는 어떤 동네가 자신과 가장 잘 맞는지 알아보기 위해서라고 한다. 이런저런 동네에 살아보며 자신을 가장 행복하게 해주는 동네를 찾아내겠다는 것이다. (요즘은 이렇게 몸으로 부딪치는 실천가를 만나는 일이 즐겁다.)

이런 대표가 뽑은 행복한 동네라니, 신뢰가 가지 않는가? 그가 이사한 곳은 서울 홍제천 부근에 있는 단독주택이었는데 주인집의 2층 방 하나를 임대했다고 했다. 여기가 자신에게 딱 맞는 동네인 이유를 물어보니 의외의 대답이 돌아왔다. 집에서 걸어갈 수 있는 곳에 빵집이 있는데, 거기서 만드는 베이글이 너무 맛있어서 행복하다고 했다. 흠, 그까짓 빵집이 뭐길래. 온갖 동네에 살아본 주거 실천가가 말한 이유치고는 너무 싱겁지 않은가? 그런데 그녀는 진지했다. 베이글 가게가 딴 곳으로 옮기기라도 한다면 따라서 이사라도 갈 기세였다.

⭘

〈모노클[Monocle]〉은 정치, 사회, 문화, 디자인 등 폭넓은 이슈를 다루는 영국 잡지다. 이 잡지는 매년 '세계에서 가장 살기 좋은 도시' 순위를 발표하는데, 도시를 선정하는 기준이 독특하다. 일반적으로 도시를 평가하는 기준이라고 한다면 주택보급률, 가계소득, 교통 인프라, 녹지 면적처럼 객관적으로 측정 가능한 지표가 대부분이다. 그런데 〈모노클〉은 여기에 자신만의 독특한 기준을 더해 살기 좋은 도시를 평가한다. 예를 들면 '괜찮은 점심을 먹는 데 드는 비용'이라는 이상한 기준이 있다. 괜찮은 점심이라는 말은 열이면 열 모두 다르게 느낄 텐데 어떻게 평가할 수 있을까?

그 방법까지 소개되어 있지는 않기에 여기서부터는 내 상상의 영역이다. 직장인 넷이 함께 점심을 먹고 '야, 오늘 식사 괜찮았어'라는 말이 적어도 3명의 입에서 나온다면, 즉 다수결로 정한다면 어떨까. 〈모노클〉에 따르면, 오스트리아 빈의 괜찮은 점심 가격은 15유로인 반면, 일본 후쿠오카는 4유로다. 일하다가도 점심 메뉴를 매일 고민하는 한 사람으로서 크게 공감했다. 후쿠오카 직장인들의 행복 그래프가 점심시간을 기점으로 상승하는 모습이 보이는 듯하다. 우리 동네 기준으로 괜찮은 점심값을 생각해 보면, 안심 돈가스 세트가 12,000원 정도 하니까 우리는 하위권 도시에 살고 있는 셈이다. '예술가의 주거비용 지

수'라는 것도 있다. 만약 재능은 있지만 이제 막 데뷔한 가난한 화가라면 어떤 공간이 필요할까? 그림을 그릴 수 있는, 천장이 높은 작업실일 것이다. 그러나 천장이 높은 공간은 임대료가 비쌀 수밖에 없다. 자유로운 영혼을 가진 예술가들이 자신의 창의력을 최고조로 끌어올리려면 천장이 높되, 임대료가 저렴해야 한다. 그래서 〈모노클〉은 한 도시의 평균 주거 임대료가 아니라 공간이 좋은 집의 임대료 수준을 살펴보는 것이다. 이 랭킹에서도 단연 베를린이 앞서 있다. 도심의 예술가용 스튜디오 임대료가 제곱미터당 4~5유로다.

〈모노클〉이 이런 이상한 기준을 만들어 도시를 평가하는 이유가 뭘까? 우리의 관심이 '삶의 수준'에서 '삶의 질'로 넘어왔기 때문이다. 삶의 수준이란 '월급이 오르면 행복하다'든가 '내 집을 소유하면 안심이 된다'처럼 누구나 동의하는 객관적인 지표다. 반면 삶의 질은 제각각이다. 자신만의 주차장에 멋진 스포츠카를 주차해두고 흐뭇해하는 사람이 있는가 하면, 집을 나서기만 해도 근사한 산책로가 있어서 행복을 느끼는 사람도 있다. 사람들은 평균적인 행복을 높여주는 도시를 넘어 내 삶의 질을 높여주는 도시를 좋은 도시로 생각하기 시작했다. 당연히 각자의 답이 다를 수밖에 없다. 그러니 좋은 도시가 되려면 사람들의 수많은 요구를 받아내는 다양한 선택지를 준비해두어야 한다. '선택지의 도시', 이것이 삶의 질을 높이는 도시다.

선택지 도시와 관련해서, 〈모노클〉은 그 도시에 있는 스타벅스 매장 개수도 중요하게 생각한다. 재미있는 점은 도시에 스타벅스가 많으면 많을수록 도시의 매력 점수가 '내려간다'는 것이다. 스타벅스를 도시 공간의 다양한 선택지를 파괴하고 (예를 들어 작지만 음악이 좋은 카페 같은) 획일화하는 주범이라 보기 때문이다. 지하철역에서 나오면 곧바로 스타벅스가 기다리고 있는 우리나라의 도시는 이 기준에서 보면 하위권일 수밖에 없다.

반면 각자 개성을 자랑하는 독립 서점은 많으면 많을수록 점수가 올라간다. 코펜하겐이 52개, 뮌헨은 140개, 도쿄는 무려 1,300개의 독립 서점을 보유한 덕에 도시 랭킹이 올라갔다. 이외에도 공원이 얼마나 반려동물 친화적인지를 측정하는 '반려동물 환영도', 점심시간에 잠시 수영하고 업무 복귀할 수 있는지 보는 '공공 수영장 접근성'까지 고려하니 말은 다 했다.

도로, 발전소, 통신시설처럼 삶의 기반을 형성하는 기본 구조물을 인프라라고 한다. 〈모노클〉은 실생활에 필요한 '생활 인프라'를 넘어 삶을 풍요롭게 해주는 '감성 인프라'가 좋은 도시의 기준임을 간파한 것이다.

실은 빵집에 집착하는 주거 회사 대표나 감성 인프라의 기준을 세운 〈모노클〉이나 같은 주장을 하고 있다. 나를 두고 싶은 동네란, 내 일상을 만드는 공간이 가까운 곳에 포진해 있느냐로 결정된다는 것. 대표는 빵집에 이어 자신이 사는 동네가 좋은 이유를 한 가지 더 덧붙였다. 빵집에 가거나 외출하려면 홍제천을 따라 걸어야 하는데, 평소 운동을 싫어하는 자신을 동네가 강제로 움직이게 한다고 했다.

좋은 동네에는 내 삶을 개선하는 힘이 있다. 자전거도로가 갖춰진 동네에 산다면 배달 앱으로 손쉽게 음식을 주문하는 대신 자전거를 타고 음식을 가지러 갈 확률이 높아진다. 젊은 예술가가 많이 사는 동네에 섞여 산다면 가끔 그들이 벌이는 게릴라 전시를 보며 창의적인 에너지를 흡수할 수 있다. 독립 서점이 있는 동네에 산다면 책방에 잠시 들르는 것만으로 그동안 생각지 못했던 신선한 관점을 발견할 가능성이 높아진다. 대형 서점의 베스트셀러에 휩쓸리는 대신.

삶을 변화시킬 힘이 동네에 있다. 좋은 집을 넘어 좋은 동네에 나를 두는 것이 중요한 이유다.

◦

물론 현실적으로 우리가 살 동네를 빵집 하나로 고를 수는 없다. 누구는 뭐 그런 맛있는 빵집이 있거나 게릴라 전시가 열리는 동네가 좋은 줄 몰라서 안 살겠는가. 집값, 직장, 학군 등 우리를 옭아매는 현실적인 조건이 엄연히 존재하기 때문에 어쩔 수 없이 선택한 곳이 지금 내가 사는 동네다. 도시도 마찬가지다. 우리가 선택했다기보다는 태어났으니, 상황이 그러하니 사는 것이다. 그러니 동네란, 도시란 집을 내 마음대로 꾸미는 것과는 완전히 다른 얘기다. 내가 노력한다고 바뀔 수 있는 공간이 아니다.

하지만 그럴수록 내가 사는 동네를 자세히 들여다보라. 산책도 하고 안 가본 골목에 들어가보기도 하면서 공간을 음미해보라. 어느 동네든 자주 다니며 세심하게 관찰하다 보면 발밑의 보물을 발견할 수 있다. 동네를 탐험하다 보면 일상에서 나를 두고 싶은 공간 목록이 생긴다. 앞서 소개한 양화진 묘지, 망원시장, 책바…. 모두 동네 탐험을 통해 발견해낸 공간 목록이다. 그리고 거기에는 독특한 이웃들이 살고 있었다. 이들은 마치 영화 〈소림축구〉에 나오는 숨은 고수들 같아서 지나치듯 봐서는 알 수 없다. 꾸준히 가보고, 슬쩍 말도 걸어봐야 그 진가를 알 수 있다.

이야기를 조금 더 확장하자면 우리의 동네 탐험은 (미약한 힘이지만) 동네를 바꾼다. 온라인에서 살 물건을 동네 시장에서 사고, 온라인 책방에서 살 책을 동네 서점에서 사는 것. 주인과 가볍게 대화를 섞을 정도의 단골이 되는 것. 동네 커뮤니티를 돕는 일은 특정한 단체에 가입하거나 지역 정치인이 되어야만 할 수 있는 일이 아니다. 조금 거창하게 들릴지 모르지만, 이런 '동네를 향한 응원'이 한 개인이 커뮤니티를 돕는 방법이다.

공간 음미 그리고 동네 탐험. 이것이 공간이 우리를 위로하고 일상에 영향을 주도록 만들기 위해 이 책이 제안하는 일이다. 좋은 공간은 어디에나 있다. 우리의 발견을 기다리면서.

그럴수록 내가 사는 동네를 자세히 들여다보라. 산책도 하고
안 가본 골목에 들어가보기도 하면서 공간을 음미해보라.
어느 동네든 자주 다니며 세심하게 관찰하다 보면
발밑의 보물을 발견할 수 있다. 동네를 탐험하다 보면
일상에서 나를 두고 싶은 공간 목록이 생긴다.

이상적인 동네에 산다는 것

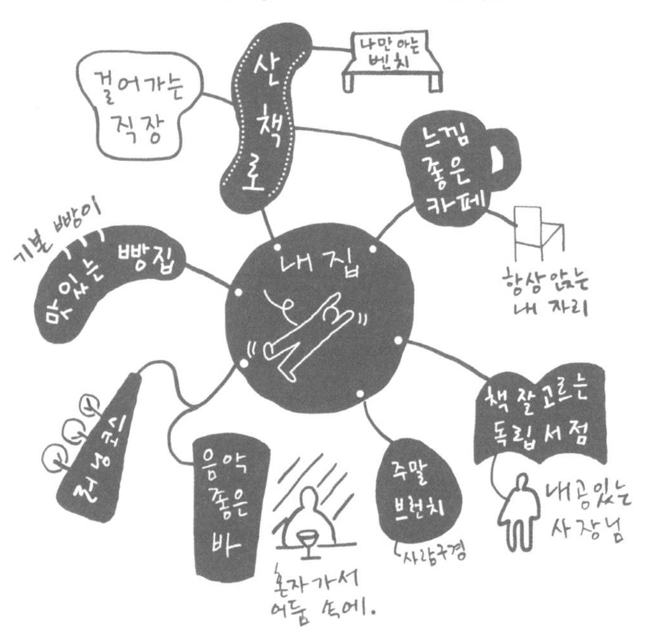

도시의 숨겨진 99%를 여행하는 법

이탈리아 파트리지아의 아파트
가평 장 뽈의 집

에어비앤비 만세! 2008년 시작된 민박 주인과 여행객을 연결해주는 인터넷 서비스, 이 경이로운 사업을 건축가인 나는 열렬히 지지한다. 유럽의 오래된 도시를 여행할 때 철문이 굳게 닫힌 저 주거 건물의 내부가 어떻게 생겼는지 너무 궁금했다. 그런데 이제 당당하게 그 안으로 들어가 복도와 방을 내 집처럼 사용할 수 있게 된 것이다. 실제로 들어가 봤더니 이 평범한 건물 안엔 도시의 진짜 삶이 있었다. 보기 좋게 꾸며진 도시의 앞면이 아니라, 주민들의 일상생활이 벌어지는 도시의 뒷면. 호텔이 아닌 민박으로 여행의 방법을 바꾸자 감춰져 있던 도시의 일상을 경험할 기회가 생겼다.

◦

몇 년 전, 로마를 여행할 때 에어비앤비로 숙소를 예약했다. 엘리베이터도 없는 아파트라 5층까지 짐을 들고 걸어 올라갔다. 땀에 흠뻑 젖은 채로 문을 두드렸더니 한 이탈리아 아주머니가 문을 열어주었다. 에어비앤비에서 말하는 호스트, 그 집에 살면서 빈방을 여행자에게 빌려주는 집주인이었다. 그녀의 이름은 파트리지아. 가볍게 인사를 나눴는데, 목소리가 도레미파솔라시도 중 '라'에 고정된 유쾌한 아주머니였다. 짐을 풀고 본격적으로 로마를 둘러보기 위해 집을 나서려는데 주방에 있던 파트리지아가 "에스프레소 한잔하고 가요"라며 말을 걸어왔다.

이때 등장한 것이 '비알레띠Bialetti'였다. 한국에는 집집마다 전기밥솥이 있다면 이탈리아에는 비알레띠라는 모카포트가 있다. 모카포트는 소형 에스프레소 머신이라고 생각하면 되는데, 금속으로 만든 주전자 하부에 커피 가루와 물을 넣고 불 위에 올려놓으면 수증기가 커피 가루를 통과하면서 커피가 추출되는 장치다. 파트리지아는 능숙한 손놀림으로 비알레띠에 커피와 물을 넣고 에스프레소를 뽑아냈다. 처음 보는 기기에 관심을 보이자 파트리지아가 직접 해보라고 권했다. 그녀의 지도를 받으며 첫 잔을 만들어봤는데 한국인의 손맛은 로마인의 그것과 미묘하게 달랐다. 지켜보던 파트리지아가 한 가지 팁을 줬다. 비알레띠로 맛있는 커피를 추출하기 위한 가장 중요한 포인트는 커피 가루를 지정된 용기에 넣되 너무 꾹꾹 눌러 담아도 너무 느슨하게 담아도 안 된다는 것이었다. “커피와 물, 둘 사이의 적절한 압력. 이게 가장 중요해요.” 이탈리아 악센트가 섞인 영어로 말하는 파트리지아의 커피 강좌는 인생의 은유처럼 들렸다.

일상의 공간에서 현지인과의 만남. 이 길을 터준 에어비앤비를 열렬히 지지한다고는 했지만, 여전히 여행할 때는 호텔이 편하다. 나 혼자만의 방, 원하는 것을 척척 해주는 서비스. 이런 환대에 나를 맡기는 것도 여행의 즐거움 중 하나니까. 그런데 파트리지아의 아파트에 묵어보니 에어비앤비는 비유하자면 우회도로를 하나 알고 있는 것과 비슷했다. 종종 우리는 고속도로라는 빠르고 예상 가능한 길을 벗어나, 시간에 구애받지 않고 좁은 시골길을 달리고 싶을 때가 있다. 그리고 그 길에서 예상치 못한 풍경과 의외의 사람들을 만난다. 우리는 가이드북을 보고 여행을 계획하지만 결국 그 가이드북의 방문 리스트에서 벗어나고 싶어 한다. 이런 우리에게 에어비앤비는 여행의 우회로로 들어서는 출구를 마련해준다.

◦

에스프레소를 마시며 건축가라고 나를 소개하자 파트리지아는 '라' 목소리가 '시'로 올라가면서 반가워했다. 메모지를 꺼내더니 관광객들에게는 잘 알려지지 않은 로마의 숨겨진 건축 명소를 적어줬다. 이후 며칠 더 파트리지아의 집에서 묵었는데 아침마다 그녀가 만든 에스프레소를 마시며 이야기를 나누는 '파트리지아 타임'으로 하루를 시작했다. "어제는 뭐했어? 오늘은 뭐할 거야?" 숙박 공유 서비스를 이용하는 것이 아니라 이탈리아 이모 댁에 놀러 온 기분이었다.

하루 이틀 묵다 보니 로마인들이 생활하는 일상적인 주거 공간의 전체 구조는 어떤 모습일지 궁금했다. 아침 대화에서 넌지시 그런 뜻을 비추자 파트리지아는 아파트 건물의 전체 투어를 해주겠다고 했다. 그녀를 따라 아파트 계단을 올라갔다. 특이하게도 주변 집들이 옥상 테라스로 서로 연결되어 있었다. 옆집 테라스로 건너가려고 코너를 돌자 한 여성이 비키니 차림으로 일광욕을 하다가 파트리지아에게 손을 흔들며 인사를 건넸다. 주거 건물 옥상에서 비키니 선탠이라니, 이런 초현실적 장면이 있나.

파트리지아와의 대화 주제도 점점 깊어졌다. 이탈리아인의 생활 방식에 대해 궁금한 점을 질문하면 그녀가 대답해주는 문답 형식으로 이어졌다. 그중 하나가 왜 이탈리아의 저녁식사는 늦은 밤까지 이어지는지였다. 저녁 7시쯤 식당 문을 열어서 밤 11시까지 식사가 이어지는 이들의 문화가 이해되지 않았기 때문이다. 그녀의 대답에서 인상적이었던 것은 이탈리아인들에게 레스토랑이란 음식을 파는 곳이라기보다는 손님에게 테이블 자리를 내주는 일종의 부동산 임대업이라는 설명이었다. 내가 임대한 테이블에 사람들을 초대하고 그 공간에 함께 머무는 것이 이탈리안 디너의 본질이라고 했다. '식당은 요식업이 아니라 부동산 임대업.' 식당 앞에 줄을 길게 세운다거나, 앞사람이 자리 비워주기를 재촉하지 않는 이탈리아 사람들의 느긋함이 이런 사고방식의 차이에 있었다.

이 이야기를 듣고 난 후, 나도 식당에 가면 서두르지 않고 저녁 늦게까지 앉아 있게 되었다. 저녁식사 시간을 길고 느긋하게 잡고 주변의 부동산을 임대한 사람들과 눈이 마주치면 대화도 나누게 된 것이다.

◦

파트리지아의 집은 여행 경험을 바꿔놓았다. 그동안 내 여행의 관심사는 도시의 유명한 건물에 집중되어 있었다. 로마를 여행한다면 판테온과 나보나 광장을 거쳐 스페인 계단을 방문하는 코스였다. 하지만 파트리시아의 집에 머물면서 도시를 채우고 있는 1%의 유명 건물 뒤에는 99%의 평범한 건물이 있다는 사실을 알게 되었다.

민박이라는 단어의 뜻은 민(民), 즉 백성의 집에서 숙박한다는 의미다. 일부러 손님을 위한 공간을 만든 게 아니라 별다른 꾸밈없이 자신이 사는 집 한쪽을 내주는 것이 민박이다. 에어비앤비라는 이름의 유래도 같은 의미인데, 손님이 갑자기 내 집에 묵게 되어 내줄 침대가 따로 없자 공기로 부풀리는 침대(에어베드)를 내주고, 늘 먹던 아침 식사(브렉퍼스트)를 함께 먹는다는 뜻이다. 그러니 에어비앤비는 그 도시의 현재를 사는 사람들의 삶을 엿볼 수 있는 기회다. 아침의 비알레띠 타임, 연결된 옥상에서 만나는 이웃, 부동산 임대의 저녁식사…. 건축가 입장에서 보어서 오세요, 일상으로.

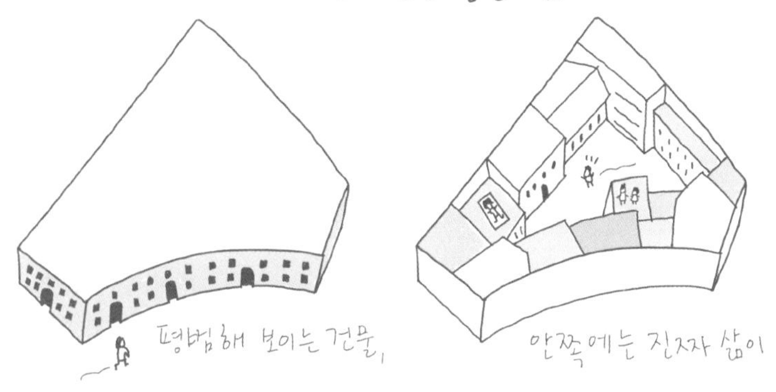

면 가족을 연결하는 주거 평면 아이디어, 이웃을 연결하는 주거 건물 아이디어, 손님을 연결하는 테이블 배치 아이디어가 거기에 있었다.

건축가가 아니어도 얻는 것이 있다. 여행이란 결국 그 집, 그 동네, 그 도시에 사는 타인의 삶을 살아보는 것이다. 명작 건물은 인류 역사의 위대함을 깨닫게 하지만, 일상의 건물은 당장이라도 우리 삶에 적용할 수 있는 현재의 지혜를 나눠준다.

◦

첫 책을 집필할 때 마감을 앞두고 막판 스퍼트를 할 수 있는 조용한 장소가 필요했다. 에어비앤비로 적당한 장소를 검색하다가 '장 뽈'이라는 호스트가 경기도 가평에서 운영하는 오두막을 예약하게 됐다. 장 뽈 (순수 한국인이다.) 역시 아침마다 손수 커피를 내려준다. 이 집의 또 다른 호스트는 장 뽈이 키우는 염소들인데, 마당으로 나가면 먹이를 주나 싶어 우르르 몰려온다. 처음에는 좀 무섭다가 점점 재미가 들렸다. 오두막에서 장 뽈 타임과 염소 타임을 아침마다 반복하며 며칠을 묵었다. 장 뽈의 말에 따르면, 쓸쓸함도 달랠 겸 어느 날부터 염소를 키우기 시작했는데 염소들 식욕이 너무 좋아서 그날 이후로 하루에 3번 먹이를 주느라 멀리 여행을 가본 적이 없다고 한다. 장 뽈이라는 국제적인 이름과는 달리, 그는 한국의 시골 마을을 벗어나지 못하고 있다. 나는 아침마다 이런 소소한 이야기를 나누며 무사히 집필을 마무리했다.

안타깝게도 요즘은 에어비앤비가 상업화되면서 '민'을 만나 같은 공간에서 '박'을 할 수 있는 집들이 거의 사라졌다. 그저 전화로 연락하면 방 비밀번호가 메시지로 도착하는 게 전부다. 그래서 요즘은 숙소를 고를 때 리뷰를 꼼꼼히 살펴서 잠시라도 호스트 얼굴을 볼 수 있는지, 몇 마디 대화를 나눌 수 있는지 확인한다.

◆

내 실제 공간 일기에는 세상을 여행하면서 찾아낸 좋은 공간이 많이 담겨 있지만, 페이지 중간중간 그 곳에서 만난 사람에 대한 메모도 적혀 있다. 여행을 마치고 친구를 만나 이야기를 나누다 보면, 대부분의 대화는 '어디에 가봤는데'로 시작해서 결국 '거기서 누굴 만났는데 말이야'로 귀결된다. '라' 목소리를 가진 로마의 파트리지아 같은 사람 말이다.

이 책은 좋은 공간이 우리에게 전하는 미덕으로 시작했지만, 결국 공간에서 만나게 되는 사람에 관한 이야기다. 공간은 나와 마주하고 타인과 대면하는 무대다. 우리가 좋은 공간에 나를 두는 일을 사랑하고, 그 안에서 위로를 받는 이유는 공간이 사람을 품기 때문이다.

사람을 품는다는 것은 다른 매체가 쉽게 해줄 수 있는 일이 아니다. 영화를 보면 세련된 공간이 배경으로 나오고 멋진 사람들이 주인공으로 등장한다. 감동적인 이야기도 영화 안에 있다. 아마 이런 점에서 영화를 이길 수 있는 공간은 많지 않을 것이다. 하지만 봄비 내리는 어느 저녁, 조금 일찍 일을 마치고 우리가 하고 싶은 일은 어딘가 실재하는 공간으로 가서 혼자 혹은 예상치 못한 사람들과 함께 머무는 것이다. 그곳에는 벽과 천장이 있다. 그 안에는 사람이 있다. 이 단단한 현실감은 가상의 것들이 따라오지 못하는 공간의 힘이다.

또 하나, 그 힘은 교과서에 나오는 위대한 건축만이 가진 것이 아니라는 점을 강조하고 싶다. 공간은 오랫동안 사용함으로써 의미를 얻는다. 위대한 건축은 잠깐 바라보기에 좋지만, 일상의 공간은 오늘도 사용하고 일주일 뒤에도 사용한다. 기분 좋은 날도 사용하고 우울한 날도 사용한다. 이 시간의 테스트를 견딘 공간만이 진정한 인생 공간으로 남는다.

도시를 채운 99%의 일상 공간, 그중 하나를 운 좋게 만나 나만의 단골 카페로 삼고, 나다운 집으로 꾸미고, 친구를 초대한다. 공간에서 시간을 보내며 우리는 성장한다. 공간에 시간이 쌓이면 일상 공간은 인생 공간이 된다.

샐러드, 매일먹어도 OK!
판타레이 샐러드
가게 이름을 건
샐러드, 좋다
AEGINIKON ARHONTIKON HOTEL
200년된 주택 개조.

건축가의 그림여행

에필로그

우리는 모두 공간 여행자다

일본의 건축가 우라 가즈야(浦一也)는 독특한 여행법을 가지고 있다. 그는 여행할 때 자신이 묵은 호텔 방을 관찰하고 스케치로 남긴다. 호텔에 도착하면 침대에 몸을 던지는 대신, 방 안의 모든 것을 털끝 하나 건드리지 않고 그대로 둔다. 그리고 줄자를 꺼내어 방의 긴 쪽과 짧은 쪽의 길이를 측정하고 공간의 윤곽선을 종이에 그린 다음 세부 사항을 확인해나간다. 침대와 책상의 위치, 캐비닛 문이 열리는 방향, 심지어 샴푸통과 양치컵의 위치도 체크해서 평면도에 세세하게 그려 넣는다. 이 건축가는 여기까지 두세 시간에 걸쳐서 스케치를 마친 후에야 비로소 푹신한 소파에 파묻혀 셰리주를 한 잔 마신다고 한다. 그는 평생 여행을 다니며 그런 수백 개의 호텔 스케치를 《여행의 공간》이라는 제목의 책으로 출간했다.

우라 가즈야가 이토록 호텔 방에 집착하는 이유는 뭘까? 그는 잘 디자인된 호텔 방이 품고 있는 '안심'이라는 감정 때문이라고 말한다. 처음 와보는 낯선 곳인데 완전히 무방비 상태가 되도록 안심의 신호를 주는 공간, 그는 이런 호텔을 발견하면 보물을 손에 쥔 기분이 된다고. 그리고 건축가로서 자신이 설계하는 공간에도 안심을 재현하기 위해 안심을 불러일으키는 공간 요소를 세세히 그려보는 것이다.

◦

우연히 식당에서 정말 맛있는 수프를 먹었다고 가정해보자. 만약 당신이 음식을 사랑하는 사람이라면 단순히 "아, 맛있어!"에 그치지 않을 것이다. 향기와 맛을 분석해서 이 수프의 감칠맛이 말린 버섯에서 나온다는 사실을 발견할 것이다. 만약 당신이 진심으로 요리를 애정하는 사람이라면 이 맛을 기억해두었다가 집에서도 만들어볼지 모른다.

'안심'이라는 감정을 기록하는 우라 가즈야도 마찬가

지다. 일반적인 손님이라면 "이 호텔 방 편한데?"라는 감상에 그쳤을 텐데, 그는 안심이 공간의 어디에서 나오는지 관찰한다. 그렇게 알게 된 '감정과 공간의 콤보'를 몸에 기억해두었다가 자신이 설계한 공간에 적용하는 것이다.

이 책은 공간의 쓸모에 대한 이야기였다. 그 쓸모란 학교로, 회사로, 주택으로 쓰는 기능을 이야기하는 것이 아니다. 공간이 우리의 행동을 바꾸어 무언가 하도록 하고 감정을 바꾸어 무언가 느끼도록 하는 쓸모에 대한 이야기였다. 수프의 기능적 쓸모는 먹으면 배가 부르다는 것이다. 하지만 정성을 다해 만든 인생 수프라면, 우리는 어릴 적 기억, 누군가의 정성 같은 다른 레벨의 쓸모를 얻을 수 있다. (입에 넣기 전에 향을 맡아보고 표면의 색깔을 잠시 응시하는 시간을 가진다면.)

우라 가즈야는 우리에게 좋은 공간의 쓸모를 알아채는 방법, 즉 '공간 감상법'을 제안하고 있다. 공간에 나를 둔다-감정이 변화한다-감정과 공간의 콤보를 기억한다. 이 3단계로 공간을 감상하라. 그러다 보면 내게 쓸모 있는 감정을 전해주는 보물 공간, 인생 공간을 찾아내는 선구안이 생길 것이다. 그리고 어쩌면 더 나아가 내 집에, 내 사무실에 이 보물을 옮겨와 인생 공간을 만들 수 있을지 모른다.

◦

우라 가즈야에게 호텔이 있다면, 나에게는 도시 광장이 있다. 공간 일기에 기록된 것들 중, 특히 도시 광장의 스케치에 애정이 간다. 나에게 도시 광장이란 여행의 시작이자 끝이다. 공항에서 기차를 타고 도시로 들어가면 대부분 그 도시의 중심 광장에 도착하게 되고, 도시를 돌아다니다 보면 하루에 몇 번씩 그 광장을 지나치기 마련이다. 몸에 비유하자면 광장은 사람이라는 혈액을 한곳에 모았다가 온몸으로 보내주는 도시의 심장이다. 특히 오래된 유럽 도시의 심장들은 각자 독특한 개성을 뽐내고 있어서 하나하나 수집하는 재미가 있다.

내가 매료된 광장 중 하나는 이탈리아 중부의 작은 도시, 시에나의 '캄포 광장'이다. 1300년대에 지어진 이 광장은 조개껍데기를 뒤집어 놓은 특이한 모양으로 유명한데, 위에서 내려다봐도 부채꼴의 조개껍질 모양이고 아래에서 봐도 조개껍데기 안쪽이 움푹 팬 것처럼 완만한 경사를 이루고 있다

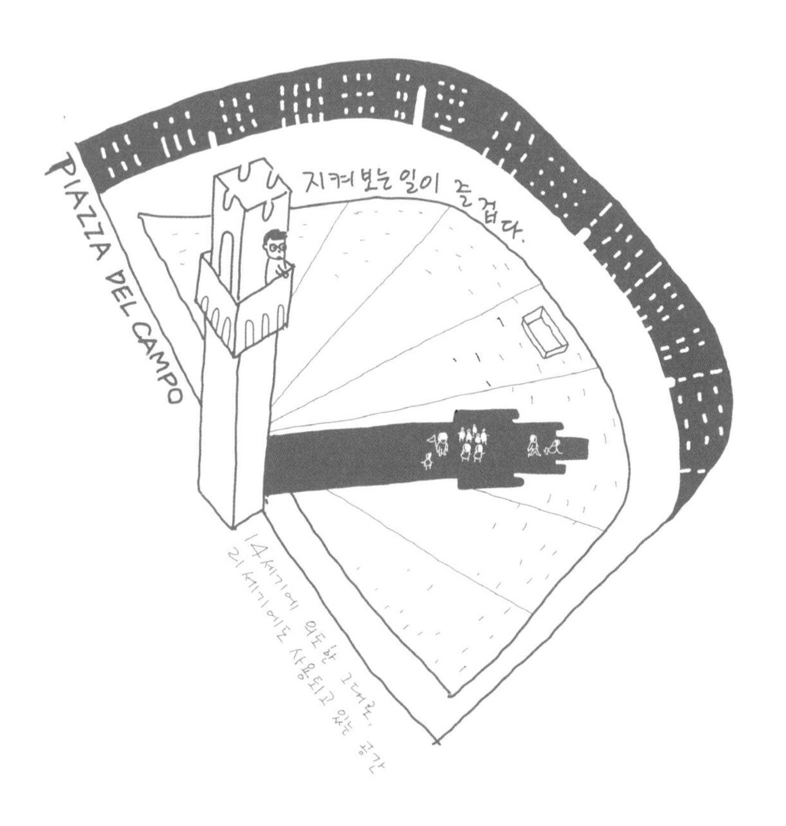
PIAZZA DEL CAMPO
지켜보는 일이 즐겁다.
14세기에 의도한 그대로,
21세기에도 사용되고 있는 공간

이곳에 머무는 동안 매일 아침 일어나서 첫 번째로 한 일은 캄포 광장에 나가는 것이었다. 광장이 한눈에 보이는 에스프레소 바에 앉아 커피를 마시며 광장의 모습을 관찰했다. 그런데 하루 이틀 지나다 보니 전날엔 보지 못한 것들이 보이기 시작했다. 특히 눈에 들어온 것 중 하나가 광장 중앙에 있는 높은 탑, '만자의 탑Torre del Mangia'의 그림자였다. 아침에 해가 뜨면 광장 가장자리에 탑의 그림자가 드리워지는데, 시간이 지날수록 그림자는 광장의 중심을 향해 이동한다. 매일 그 모습을 지켜봤더니 마치 해시계처럼 그림자의 위치만 봐도 대략 지금 몇 시인지 알 수 있었다.

이른 아침부터 광장에는 여행객이 모여 여행 가이드의 설명을 듣는다. 그들은 뜨거운 이탈리아의 태양을 피해 탑이 드리우는 그림자 속에 옹기종기 모여 있다. 10분만 지나도 그림자가 태양의 이동에 맞춰 움직이기 때문에 여행자들도 가이드의 설명을 들으며 그림자를 따라 조금씩 움직인다. 탑에 올라가서 사람들이 만나고, 대화하고, 그림자를 따라 꼬물꼬물 움직이는 모습을 내려다보고 있으면 로마의 신들이 사람들을 관찰하는 재미가 이런 것이었을까 하는 상상마저 든다. 우라 가즈야가 호텔에서 '안심'

을 수집한다면, 나는 광장에서 사람들과의 '연결'이라는 감정을 수집한다.

광장의 중심에 아름다운 탑을 세우면 그 탑이 시간을 알려 줄 수도 있다는 사실, 그리고 사람들이 잠시나마 뜨거운 태양을 피해 대화할 수 있는 그림자를 만들 수 있다는 발견이 내 스케치북에 기록되어 있다. 중세의 건축가가 천 년 전에 만든 공간을 감상하여, 현재의 내가 아이디어를 얻은 것이다.

◦

우라 가즈야 정도의 건축 전문가라면 호텔 객실을 눈으로 쓱 보기만 해도 공간의 특징을 파악할 수 있다. 세세한 부분은 필요하면 사진을 찍어서 남겨두면 된다. 그런데 그는 왜 시간을 들여 양치컵까지 꼼꼼하게 그리는 수고를 할까?

몸을 움직여 측정하고 기록하다 보면 눈으로 쓱 봐서는 알아챌 수 없었던 숨겨진 의도가 하나씩 보이기 때문이다. 샴푸통을 얹어 두는 선반이 하필 왜 저 위치에, 저런 모양으로 만들어졌는지 그 이유가 보이기 시작하는 것이다. 공간이 전하는 감정을 느끼기 위해서는 쓱 보고 지나치면 안 된다. 한 장소에 오래 머물며 공간이 거는 대화에 맞장구를 쳐줘야 한다. 만약 건축가라면 그 음미의 방법은 우라 가즈야처럼 스케치북을 꺼내 공간을 그려보는 일일 것이다.

하지만 공간 일기를 꼭 건축가만 써야 한다는 법은 없다. 그림 그리는 것이 익숙하지 않다면 굳이 그리지 않아도 좋다. 사진을 찍고 인스타그램에 글을 올릴 때, 공간의 간단한 묘사와 내 행동과 감정의 변화를 짧게 적기만 해도 당신만의 공간 일기가 된다. 그마저 어렵다면 그저 이곳의 무엇이 내 행동과 감정에 변화를 일으키고 있는지 잠시 관찰해보는 일만으로 족하다. 중요한 것은 수프를 입에 넣기 전에 잠시 향을 음미하는 그 순간을 갖는 데 있다.

⚬

"퇴근하고 어딘가 가고 싶은데 갈 데가 없다는 것만큼 서글픈 일이 없어요."

이 책을 쓰던 중, 한 직장 여성에게 들은 말이다. 그렇다. 집과 회사만 오가는 것은 쓸쓸하다. 일과 삶을 오가는 반복 운동. 그 사이사이에 이 책에서 말한 계절감의 공간, 오감으로 경험하는 공간, 몸 소여의 모험 공간을 내 수변에서 하나하나 찾아내는 것, 그리고 그 공간이 주는 감정을 나답게 누리는 것, 그것이 인생이 조금이라도 행복해지는 비결이 아닐까 생각한다.

이 책이 갈 곳 없는 서글픔을 달래주고 일상의 공간을 재발견하도록 도왔다면 그것으로 충분히 제 몫을 했다고 생각한다. 거기에 약간만 욕심을 보태자면, 독자들이 적극적으로 자신만의 공간 일기를 쓰는 것을 즐기는 공간 여행자가 되었으면 한다. 공간은 말을 건다. 우리가 그 목소리를 들을 수 있는가는 얼마나 귀를 기울이냐에 달려 있다.

이 책을 끝까지 읽어주신 분들께 감사하다. 이 책을 읽고 '나는 이런 인생 공간을 발견했다'는 메시지를 보내주신다면 저자로서 무척 기쁠 것이다.

혹시 공간을 만들고 디자인하는 분들, 이미 공간에 정통한 분들이 읽었다면, 이 책을 '일상 공간의 수준을 높이자'라는 메시지로 읽어주셨으면 한다. 일상을 사는 사람들에게 인생 공간이란 작은 마을에서 우연히 발견한 카페 같은, 어찌 보면 평범한 공간이다. 누군가 이 공간에서 일생일대의 통찰을 얻어갈 수 있다는 생각을 하면 우리는 공동묘지의 산책길, 야구장의 외야석, 도서관의 창가 좌석을 함부로 만들 수 없다. 동네의 인생 공간이 늘어나도록 함께 힘을 모았으면 한다.

책을 내는 데 도움을 준 많은 분이 있었다. 김은경 북스톤 대표는 책의 방향을 적재적소에서 알려준 전략가이자, 작가의 기를 살려준 응원 단장이었다. 이주연 님, 박찬빈 님을 비롯해 북스톤 출판사의 모든 분들이 예비 독자로서 원고를 읽고 귀한 피드백을 해주었다. 가족들의 지지는 나의 힘이다. 차가운 문장에 온기를 불어넣는 방법을 알려준 사람은 어머니 김현자 교수였다. 글을 도구로 삼아 생각을 다듬는 방법을 알려준 것은 누나 조윤경 교수다. 우리 사무실의 신소유 실장은 복잡하게 얽힌 생각을 독자의 관점에서 정리해준 길잡이였다. 깊이 감사드린다.

홋카이도 2017
제주 2018
SHANGHAI
상하이 2005
TOKYO 2019 08
도쿄 2019
SWISS 2019 10
스위스 2019
스코틀랜드 201806
스코틀랜드 체크무늬 2018
2018 12 베트남
SPAIN 2019-20
스페인, 국기색 2019
FRANCE 2019
화려한 프랑스 2019
건축가의 공간일기

도시의 숨겨진 99%를 여행하는 우리는,
모두 공간 여행자다.

인덱스

공간 일기에 실린 장소들

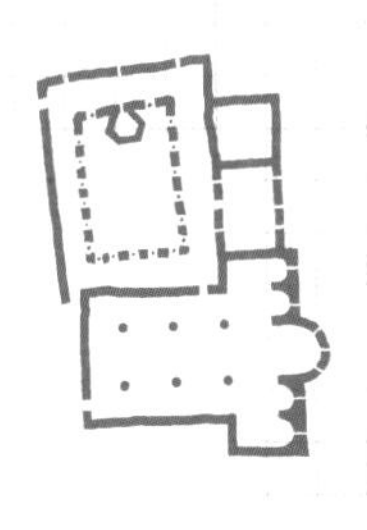

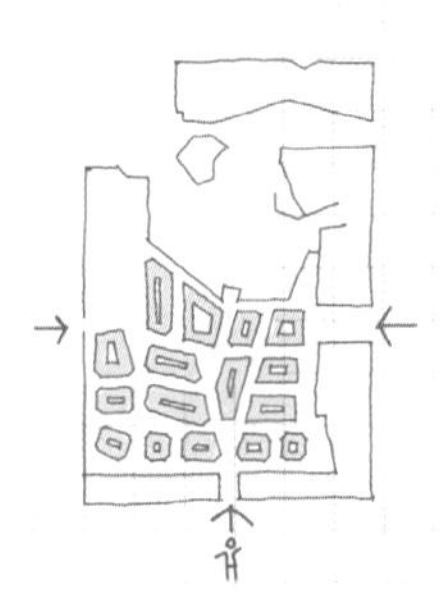

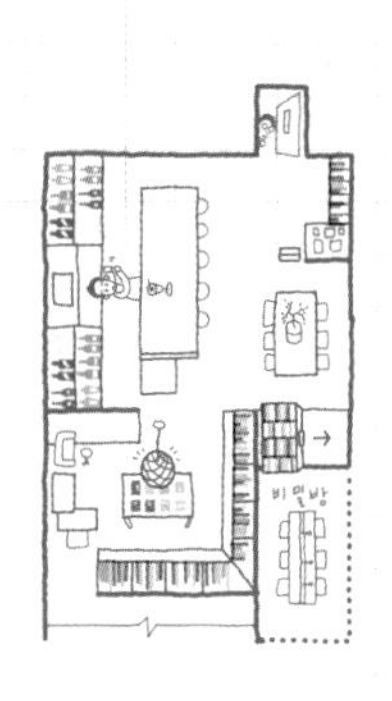

삿포로 바 하루야Bar Haruya, バル ハルヤ

망원동 책바

엑서터 도서관Exeter Public Library

연희동 투어스비긴

교토 료안지龍安寺

제주 정원 베케

서교동 마덜스 가든

리처드 로저스Richard Rogers의 런던 자택

피에로 포르나세티Piero Fornasetti의 빨간 방

서교동 TRU 건축사 사무소 화장실

보길도 동천석실

유명산 자연휴양림 오두막

알랭 드 보통의 리빙 아키텍처Living Architecture

응암동 여정

홍은동 베이글 맛집

이탈리아 파트리지아의 아파트

가평 장 뽈의 집

본문 사진 출처

35p : ⓒPaul Brown
64-65p : ⓒBob Masters
69p : ⓒJoe Wolf
148p : ⓒArnout Fonck
174p : https://www.themodernhouse.com/journal/richard-and-ruth-rogers-masters-of-design/
186p : ⓒWendy Goodman
51, 72, 97, 125, 138, 158, 159, 186 하단, 197, 211, 233, 244p : ⓒ조성익

건축가의 공간 일기

일상을 영감으로 바꾸는 인생 공간

2024년 5월 27일 초판 1쇄 발행
2024년 11월 20일 초판 5쇄 발행

지은이 조성익
펴낸이 김은경
편집 권정희, 장보연
마케팅 박선영, 김하나
디자인 황주미
경영지원 이연정

펴낸곳 (주)북스톤
주소 서울시 성동구 성수이로7길 30, 2층
대표전화 02-6463-7000
팩스 02-6499-1706
이메일 info@book-stone.co.kr
출판등록 2015년 1월 2일 제2018-000078호

ISBN 979-11-93063-48-4(03540)